イラストでわかる

電力コスト削減
現場の知恵

武智 昭博

電気書院

本書は，2014年9月号から2015年8月号まで，月刊誌『電気計算』(電気書院）に連載しました"イラスト版　電力コスト削減 現場のアイデア"をもとに大幅に加筆・修正を加え，再編集したものです．

─── 読者の皆様へ ───

　我々が，世の中の問題の答えを求めようとすると，学問としての勉強のように単一ではないことに気づくと思います．複雑で混迷をきわめる現代においては，なおさら解も多様になってきています．試行錯誤の中から，最適の解を導き出すことが要求されます．

　電気の現場には，宝となるヒントがたくさん隠されています．これを掘り起こすことが大切なのです．技術者は机に座ってばかりいては，いい答えを見出すことはできないはずです．たとえ砂まみれになろうとも，現場を歩き，具$_{つぶさ}$に観察することによって，その答えは見出すことができるのです．

　宝を見つけたら，柔道のようにあらゆる技をかけてみる必要があります．ここで技とは，知恵，工夫を意味します．「一本勝ち」もあれば，「技あり」，「効果」もあります．相手（問題点）によっては，効き目のある技と効かない技があります．だから，複数の技（手法）を身につけるための鍛錬が必要となります．

　ここで大切なのは，費用対効果を視野に入れて技を仕掛けることです．単に一本取ればよいというものではないのです．技のコストを念頭に入れておかなければならないのです．日頃，問題意識を持って取り組む中から，この技は生まれてくるものです．オリジナルな得意技を創る努力が必要です．意識的に現場を見つめ直すと，いろいろな問題点が浮かび上がってきて，多様な対策も考えられるようになります．

　本書は，筆者自身が実践した電力コスト削減の集大成であります．オリジナルな思考法を取り入れております．思考法とは，いわば一つの技であると思います．文中にも各種の技を取り入れております．これは，難問に立ち向かい，思考を継続しながら編み出した技なのです．まず，机上で考えを巡らせ，次に現場をよく調査し，その問題点をえぐり出します．そして具体的な解決策を導き出します．

　思考プロセスを振り返ると次のようになります．考えが左脳で発酵，熟成し始めると，ふと右脳のひらめきで，図が浮かび上がります．浮かんだイメージ

図は，即座にメモをします．そのメモの集積により，一つひとつのテーマが体系化してくるのです．左脳に考えが存在し思考を継続していると，あるとき右脳でひらめきスパーク現象が起きるのです．これをまた左脳に戻して，論理的に筋道を立てるのです．この作業のくりかえしが大切なのです．

　本書は，このような思考法に力点をおいて構成したものです．皆さんもこれらをヒントにアイデアを膨らませ，電力コスト削減に取り組んでいただきたく思います．本書が皆様の考える糧になれば幸いです．

　なお本書は，2014年9月から2015年8月まで，電気計算に連載しました"電力コスト削減　現場のアイデア"をもとに加筆・修正を加え再編集したものです．わかりやすく，やさしい解説を心がけました．皆様の電力コスト管理への一助となれば，筆者の喜びとするところです．末尾ながら電気書院編集部はじめ，諸先輩のご指導のおかげで書籍化できたことに感謝し，お礼申し上げます．

　　2016年3月

武智 昭博

イラストでわかる
電力コスト削減 現場の知恵

目次

第1章

K公園…イベント電力ピークのだるま落とし
1

たった1日2時間の防災用発電機運転で，年間52万円のコスト削減達成 ！

第2章

O公園…外灯自動点滅の2段階制御
16

契約種別の変更より，外灯の深夜消灯のほうが効果あり！

第3章

Aアリーナ…電力山脈崩し　夏季，アリーナ送風機運転時にピーク発生
30

防災用発電機の活用システム構築！

第4章

S公園…二つの噴水の時間差攻撃　電力の因数分解により電力合理化
44

深井戸ポンプの防災対応への発展！

第5章

S水族館…魚電力からのひらめき・動物電力への連想
58

契約メニューの変更で成果！

第6章

Yテニスコート…低圧化負担金回避の術を考案
71

変圧器入換えによる2段階論法で

第7章

電力合理化の道具箱…戦略と戦術で問題解決へ
86

既存の確立された手法は大いに利用すべし

知恵を絞って独自の手法を開発せよ！

第8章

プールの調査・分析…水面下にある問題を探る 98

綿密な調査はアイデア創出の源泉！

第9章

Aプール…"からくり電力"を生みだす技 110

デマンド＆タイム管理システムの構築で実現！

第10章

Bプール…眠っている防災用発電機を改造・常用化 123

発電機は非常時以外にも活用すべし！

第11章

Cプール…"こままわし・敗者復活"理論の複合技 137

契約電力500 kW未満を死守するために　暗闇の中で輝いたレストラン！

第12章

Dプール…『思考の回転技』"ろ過器ローテーション休止"でベースカット 151

ろ過器の目詰まりを防ぐ妙案！

第13章

プールの効果検証…仕掛けた技の数値確認 165

4プールで毎年16 400 000円の削減達成

仮説・検証の繰返しで，よりベストなシステムへ

第14章

Kラグビー場…G・Eコラボレーション　非常用発電機の画期的活用 181

冬季の試合時，空調電力をピークカット

第15章

Tビル…とんがり帽子の頭をカット 196

地下駐車場給排気ファンのドミノ配列で　半減運転へ移行で省エネ実現！

第1章
K公園…イベント電力ピークのだるま落とし

たった1日2時間の防災用発電機運転で，年間52万円のコスト削減達成！

　K公園の池には大噴水があり，30分ごとに10分間，交響音楽に合わせた噴水が観覧できる（**写真1，2**）．大噴水は夜にはライトアップされ，幻想的な噴水ショーが楽しめる．毎年9月には「星空のコンサート」が開かれる．このコンサートの1日2時間の電力ピークカットについて，2010年度から取り組んだ手法を解説する．

写真1　噴水と乙女の像

― 1 ―

第1章　K公園…イベント電力ピークのだるま落とし

写真2　大噴水

1　現状[机上の分析]

(1)　[問題提起] なぜ，9月にだけピークがあるのだろうか？

　2009年度の最大電力をグラフ化すると，第1図のようになる．グラフから9月だけ，ほかの月より約30 kW突出していることがわかる．何か9月に電力を多く使用する理由があるはずだ．このようにデータをグラフ化（ビジュアル化）

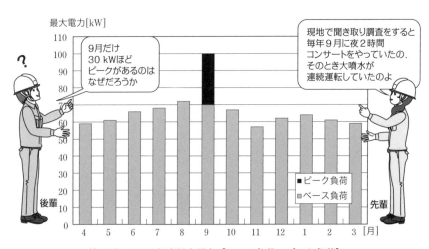

第1図　2009年度最大電力 [ベース負荷・ピーク負荷]

すると何かが見えてくる．問題点が浮かび上がってくる．「何か変だな」「おかしいな」「引っかかるな」という問題意識は，気づく力の源泉になる．

現地で聞き取り調査を行うと，毎年9月の第1土曜日に「星空のコンサート」を開催しており，当日はイベント照明・音響などの負荷がかかり，かつ大噴水が連続2時間，イベントモードで運転していることがわかった．

このように問題に対して，「なぜ（Why）」をまず考える．次に「だからどうする（So What）」について考える．この思考が，アイデアを生み出す源となる．とにかく，行動を起こすことが大切である．失敗を最小限に抑えるリスクマネジメントも大切であるが，失敗から学ぶことも多いのである．最善を尽くしても失敗したときは，その時点でどこが悪かったのかを考え，修正していけばよい．挑戦するこころを忘れてはならない．

大噴水が設置された当初は，このようなイベントは行っていなかった．イベントを実施すること，すなわち，電力の使用形態が変わったことにより，ピーク電力が発生するようになったと推察できる．この1日のために約30 kW相当の契約電力が増加し，過剰な基本料金を，年間を通して支払わざるを得なくなったことに着目しなければならない．

視点を変えると，この30 kWがもたらす効果が顧客サービス向上につながっているわけである．私は，このコストを最小限に抑えて，CS（顧客満足度）を低下させることのないよう注意を払いながら，最大の効果を得るために以下のとおり知恵を絞った．

(2) 解決への試み［2010年度］

2009年度の最大電力は100 kW（ここを基準出発点とする）．

2010年度のコンサートでは，イベント機器用に発電機をリースして，かつ事務室空調機・トイレ滝循環ポンプを一時停止し，最大電力を90 kWに収めた．これにより，最大電力を10 kW削減することができたのである．このように，昨今はリース機器も多岐にわたっており，一時的な電力使用には，レンタルという選択肢も視野に入れることも有効である．

2 実験[現場調査分析]

　現地には防災用発電機（3φ 200 V 100 kV・A）が設置されており（**写真3**），外灯・管理事務所・レストハウス・屋根付き広場などの1φ電源を賄うことができるシステムとなっている．この発電機を「星空のコンサート」開催時に，大噴水およびイベント電源によるピークを抑制するために活用できるかどうかを試す実験を行った．

　昼間であったため，変電室内にある外灯制御盤を「手動」にして，外灯を強制的に点灯状態とした．防災用発電機を手動運転とし，防災用電源切換盤を「発電機側」に切り換えた．その結果，発電機には15 kWの負荷がかかった．以上の操作により，**第2図**のとおり単相負荷のすべてを発電機で賄うことになる．当日は休園日であったので，管理事務所も使用しておらず，レストハウスも開店していなかったため，負荷のほとんどは外灯とみなしてよい．

　図からわかるように，システム上，三相負荷は賄うことができない．この試みは，まだ一般的ではないかもしれないし，既成概念を打ち砕くものかもしれない．人がやらないからやるのである．ここに挑戦の価値があるような気がする．

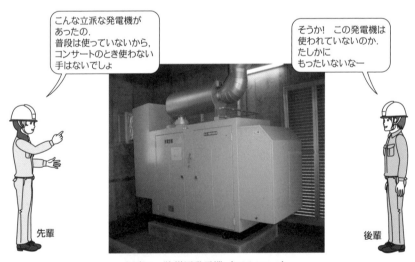

写真3　防災用発電機（100 kV・A）

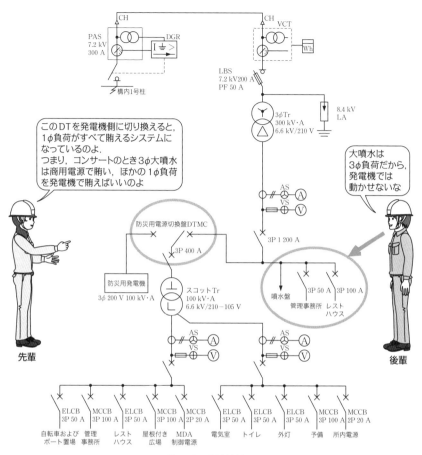

第2図　単線結線図

3　電源対応計画

(1) 方　針

　上記の実験結果を踏まえて，2011年度は「星空のコンサート」開催時に，防災用発電機を運転し，イベント時の単相負荷すべてを賄う．

　なお，2時間ではあるが発電機を常用的に使用するため，経済産業局へ発電所扱いとして申請し承認を受けた．

(2) 発電機で賄う単相負荷の推定

現地調査の結果，下記の負荷を発電機にかけることとした．

外灯……15 kW

自動販売機（屋根付き広場）……4 kW

イベント照明・音響　　……5 kW

管理事務所・レストハウス……6 kW

計　30 kW

(3) 具体的対応

コンサートは配置図（第3図）の木製デッキと屋根付き広場を会場とし，大噴水を背景として行われる．屋根付き広場には，100 A（10 kV・A）の防災用発電機回路が設置されており，通常は自動販売機（5台）などが接続されている．イベント照明・音響電源は，当日この回路に仮設接続する．

一方，平常時の最大電力は70 kW前後である．第1図の電力ピークを，防災用発電機により30 kWカットする．

(4) その他の条件

一時的に止めても支障のない負荷を検討し，以下の負荷を停止することとした．

① 屋外トイレの滝循環ポンプ（2.2 kW）

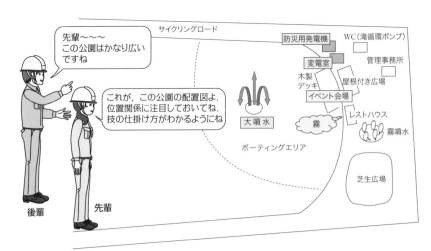

第3図　配置図

② 霧ポンプ（レストハウス1.5 kW）（加圧ポンプ0.75 kW）
③ 事務所空調機（3 kW）

これらの対応においては，CS（顧客満足度）を低下させることのないよう思慮した．

(5) 効果予測

　　　　2009年度実績100 kW－発電機による削減30 kW＝70 kW

　　→　契約電力70 kW（予測）

4　実践・効果検証

以上の計画をもとに実践した結果，2011年9月の最大電力は71 kWへ推移し，契約電力が71 kWとなり，ピークは解消された．

- 基本料金年間削減額　　520 710円（力率98 %）
- 燃料費（A重油）　　　85円/L×20 L＝1 700円

計画どおり，年間 約520 000円の削減が達成できたことになる．第4図に最

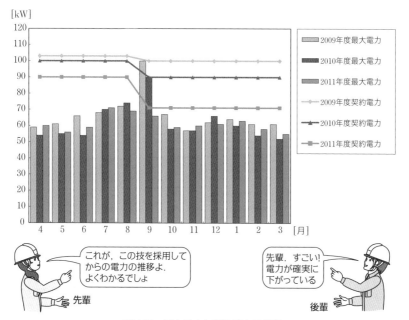

第4図　最大電力と契約電力の推移

大電力と契約電力の3年間の推移を示す．なお，防災用発電機運転のマニュアルを作成し，だれでも対応できる体制とした．このことは，災害時にだれでも発電機を運転できるという防災体制にも寄与するものと考える．

5　使用電力量の推移

第5図からわかるように，2010年のリース発電機により1年目の使用量は4.5%減．2011年は防災用発電機の活用効果で5.3%減．2012年からは，外灯の自動点滅器の移設効果も加わり，13.9%減となった．

写真4からわかるように，外灯用自動点滅器（AS）が変電室の裏側の樹木の生い茂っている場所に設置されていた．これでは正常な感知をするわけがない．これは，夕刻でもまだ明るいのに外灯が点灯していることから発見したものである．

ASを変電室の正面の明るい場所に移設した効果は大きい．これも当初は樹木が小さく，このような現象はなかったものと思われるが，樹木の成長が悪い

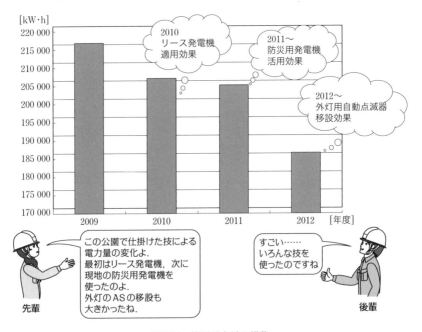

第5図　使用電力量の推移

［移設前］　ASが木の陰になっている

［移設後］　ASを明るい場所へ移設

写真4　外灯用自動点滅器

作用を起こした例であり，このような現象は他所でも起こりうると考えられるので参考にされたい．意外なところに電力コスト削減のキーワードが隠されているものである．

6　力率の推移

　第6図からわかるように2009年〜2010年は力率が93〜96％で推移していた．このキュービクルには高圧コンデンサがないため，コンデンサ設置を検討した

第1章 K公園…イベント電力ピークのだるま落とし

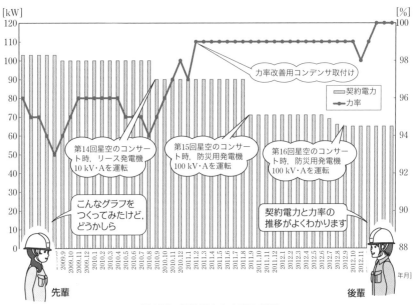

第6図 契約電力と力率の推移

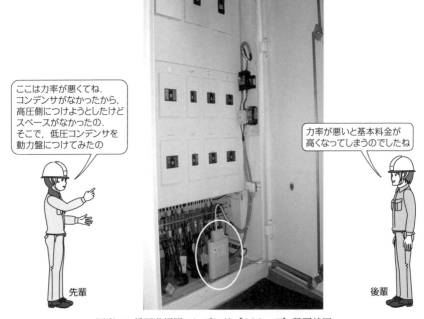

写真5 低圧進相用コンデンサ［600μF］設置状況

が，キュービクル内が狭く設置スペースがない．そこで，低圧コンデンサ600 μF（写真5）を実験的に3φ回路に挿入したところ力率が99％に上昇したので本設を実施した．これにより，基本料金の低減にもつながった．

7　負荷特性【参考】

2012年8月，トランスモニタで1φと3φの測定を行った．1φは深夜から夕刻まで10 kW弱であり，夜の外灯で30 kWに上昇する．3φは9:00から20:00の大噴水稼働の間，最高48 kWを示している．イベントのない8月であるので総計は60 kWである（第7図参照）．

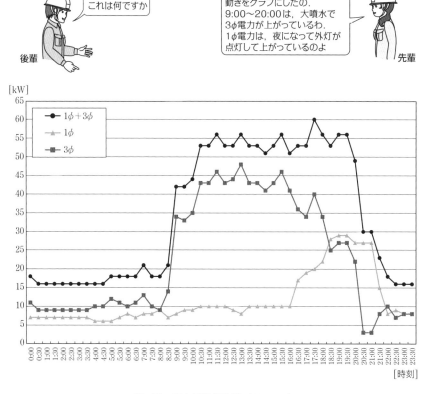

第7図　電力日負荷曲線（2012.8）

8 総 括

(1) 噴水イメージ図［平常時・イベント時］【図解1】

図解1に示すとおり，通常は大噴水は9:00から20:00まで30分間に10分の間隔で間欠的に上がっている．これを①**通常噴水因子**とする．夕刻にはライトアップされる．

イベント時は18:00から20:00までが2時間連続のイベントモードとなり，変化に富んだ噴水形態となる．これを②**イベント噴水因子**とする．**このピーク因子は約30 kWで電力の大きな塊であり，この因子がピーク電力となる**．ライトアップも通常と異なり多様な表現がなされる．年に一度のイベント当日だけ，**単一の因子①から複数の因子①②に変化する**．このモード切換えは，変電室内噴水用キュービクル内でコンサート直前に行う．

(2) ピークカットの思考プロセス【図解2】

図解2のように当初はピークが100 kWあった．1年目のリース発電機の採用でピークは90 kWとなる．2年目は現地にある防災用発電機の活用により，ピー

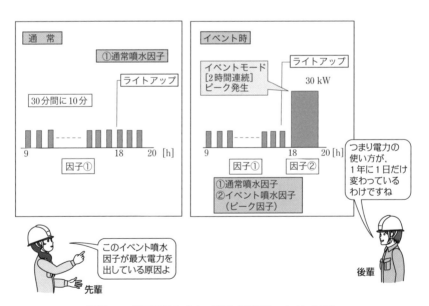

図解1　K公園の噴水イメージ図［平常時・イベント時］

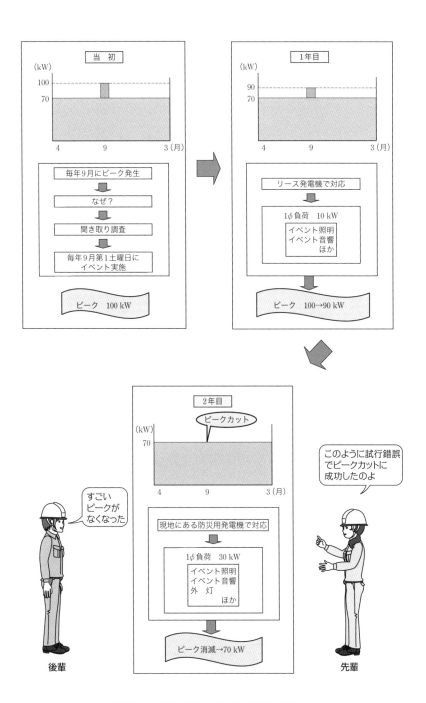

図解2　K公園 ピークカットの思考プロセス

クが消滅した．CS（顧客満足度）を低下することなく目的を達成した．

(3) 電力ピークのだるま落とし【図解3】

図で商用領域を第1象限，発電機領域を第4象限とする．イベントピークの

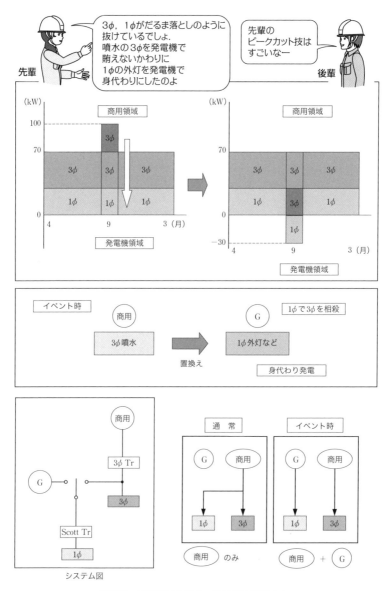

図解3　K公園 電力ピークのだるま落とし

3φ30 kWが発電機を活用することにより，1φ30 kWが発電機領域へ移行することになり，図からわかるように3φと1φがだるま落としのごとく，ピークの先端が落下することになる．

また商用を使った3φ噴水負荷を発電機を使った1φ外灯などの負荷で相殺したことになる．いい換えれば3φを1φで置き換えたことになる．3φ負荷に対し，1φの**身代わり発電【筆者命名】**を行ったことになる．

システム図から商用電源を3φトランスで変成し，1φはスコットトランスで供給している．通常は商用電源で3φ・1φともに賄う．イベント時の工夫は，商用電源で3φを賄い，防災用発電機で1φを賄う**並列受電のスタイル**とすることである．

9 考察

計画を実践して痛感したことは，第一に，防災用に設置されている発電機がいかに活用されていないかということ，第二に，使わないがための故障が頻発しており，発電機がいざというときに本来の機能を発揮できないのではないかという問題である．その意味では，今回の計画は発電機の実負荷運転を行うとともに，費用をほとんどかけずに電力コスト削減ができた有効な事例である．また，三相30 kWの電力を発電機（単相30 kW）で相殺するという特異な事例でもある．

第2章 O公園…外灯自動点滅の2段階制御

契約種別の変更より、外灯の深夜消灯のほうが効果あり！

　O公園では、四季折々の花や樹木が来園者を楽しませている。特に2月中旬～3月初旬には、「梅まつり」が行われ、大勢の人でにぎわい、野点でお茶を楽しむこともできる（写真1）。この園内に点在する多数の外灯に着眼した事例について解説する。

写真1　梅まつりと園内外灯

1　契約種別の変更

　過去のデータから、各契約種別に当てはめてシミュレーションしたところ、

― 16 ―

業務用季節別時間帯別電力2型への変更により，年間208 000円（3.3％）の削減効果が予測できた．

2　原因の分析

[問題提起1]　契約種別による効果は，なぜ出るのだろうか？

　トランスモニタで計測すると，外灯負荷が35 kWあった（300 kW1・2灯用計76基）．

　現地で聞き取りを行うと，外灯が夜間中，深夜も点灯していることがわかった．

　すなわち，外灯の深夜を含む夜間点灯により夜間率が高いために，業務用季節別時間帯別電力2型のメリットが出てくるものと推定される．

3　別な視点

[問題提起2]　夜間のうち，深夜も外灯を点灯する必要があるのだろうか？

　調査の結果，当公園は都市型の開放公園ではなく，深夜に公園で活動する人はほとんどいない．ジョギングする人は深夜ではなく，夜または早朝であることがわかった．すなわち，深夜の園内外灯は消灯しても住民サービスの低下を来すことはないと判断できる．

　このように，ものごとを判断する場合，一側面から眺めるのではなく，別な側面からみてみることも大切である．情報の読み方に唯一絶対の正解はなく，多様な答えがあり得るはずだ．すなわち，「視点・視野・視座」を変えてやることが有効である．視座を変えたり，視点を変えたりすれば，もっと多様にものをみることができるようになる．

4　外灯点滅のパターン変更

　現状は自動点滅器（AS）とタイマ（TM）の併用で，自動点滅器はキュービクル外上部に，タイマはキュービクル内部に設置されている．タイマONの設定は第1図（現状）のとおり，17:30～7:00（外灯因子Ⓐ）となっていた．この設定を17:30～0:30（外灯因子ⓐ）と4:00～6:30（外灯因子ⓑ）に設定変更し

－ 17 －

第2章 O公園…外灯自動点滅の2段階制御

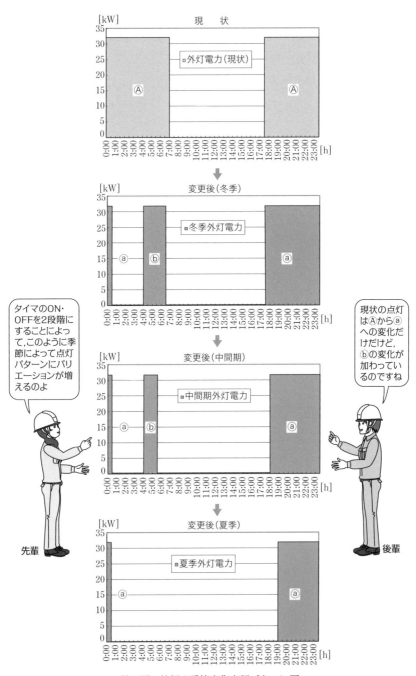

第1図 外灯の季節変化点灯パターン図

た．この状況を大きく冬季・中間期・夏季に分けて，そのバリエーションを図解すると，第1図のようにシミュレートできる．**外灯因子ⓐ**の夕刻ON時刻は季節によって変化する．また**外灯因子ⓑ**はON・OFFが季節により変化し，夏季にはほぼカットされる．

すなわち，タイマにより一定の変化をしていた**因子Ⓐ**を，**因子ⓐ**と**因子ⓑ**に分解することにより点滅時間が多様に変化することになる．**数学的思考（因数分解）**が役立つ場面である．この効果を試算すると，年間想定約707 700円（12.6％）のコスト削減となる．

なお，第1変電所のタイマは**写真2**のように単なるON・OFFの時刻設定変更で容易であったが，第2変電所のタイマは**写真3**に示すとおり旧式で，円板にツメを取り付けるタイプであったため，もう一組のON・OFF用ツメを探し，円板に取り付けて対応した．タイプが古いので，同じツメを探すのは容易では

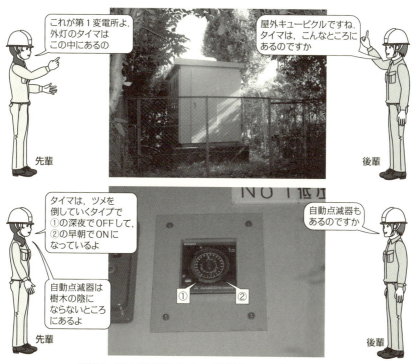

写真2　第1変電所とタイマ（①深夜OFF　②早朝ON）

第2章 O公園…外灯自動点滅の2段階制御

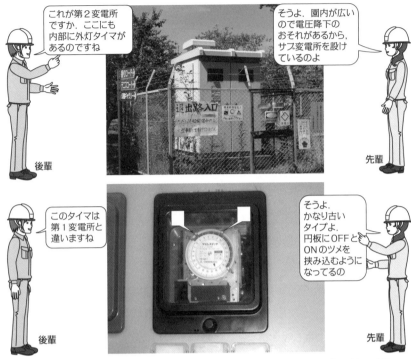

写真3 第2変電所とタイマ（タイマのツメ追加 ①深夜OFF用 ②早朝ON用）

なかった．

【根拠】

0:30〜4:00（3.5 h）の電力量が削減される．

[第1変電所]

（夏季）

　25 kW×▲3.5 h×92日×16.65円/(kW・h)＝▲134 000円

（その他季）

　25 kW×▲3.5 h×273日×15.55円/(kW・h)＝▲371 500円

　① 計 ▲505 500円

[第2変電所]

（夏季）

　10 kW×▲3.5 h×92日×16.65円/(kW・h)＝▲53 600円

（その他季）

10 kW×▲3.5 h×273日×15.55円/(kW・h)＝▲148 600円

② 計　▲202 200円

電力削減額

①＋②＝▲707 700円

なお，第2変電所タイマ変更は，ツメ取付けのみでほとんど無料であったため，経済効果として年間707 700円の削減が可能である．

5　単相変圧器日負荷曲線［根拠データ］

2010年2月7日にタイマの設定変更を行ったが，その前後に第1変電所において単相変圧器（75 kV・A）の負荷状況をトランスモニタで計測したのが**第2図**である．34 kWあった夜間負荷がタイマ設定変更後は深夜0：30〜4：00まで約9 kWまで低下した様子がわかる．昼間の負荷としては，日曜日は園内にあるセンターの展示照明などで26 kW前後使用されるが，月曜の休園日は，

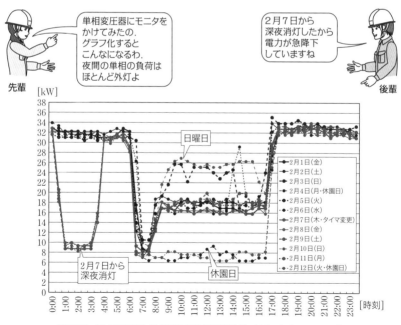

第2図　第1変電所 単相変圧器日負荷曲線（2010.2.1〜2.12）

8 kW程度である．当公園の電灯負荷における外灯の占める割合がいかに高いかが伺える．

第2変電所の単相変圧器（30 kV·A）において同様なモニタ計測を行った結果が**第3図**である．11 kWあった夜間負荷が深夜1 kWまで低下している．

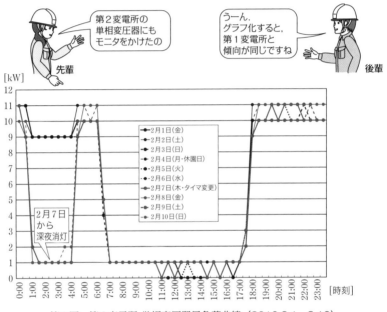

第3図　第2変電所　単相変圧器日負荷曲線（2010.2.1～2.10）

6　効果検証

タイマ設定変更後は，**第4図**のとおり使用電力量に低減の兆しがみられ始めた．変更前後1年間の使用電力量を比較すると，ほかの要因もあると思われるが変更後52 000 kW·h低減している．電気料金は864 000円の減であり，シミュレーションに近い数値が出た．

変更による地域住民からの苦情も出ていない．契約種別の変更を行うことよりも，園内外灯の深夜消灯を実施することのほうが効果をあげることができた．**単一思考**ではなく**思考回路を変更（複眼思考）**してみることも必要である．

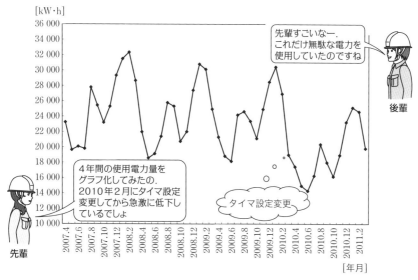

第4図　使用電力量の推移

7　T公園への対応

　O公園と似た開放公園であるT公園についても深夜消灯を検討したが，駅近くの都市型公園であり，深夜も園内を通過する住民がいるため，サービス低下につながるおそれがあったのでこの考え方は止めた．ここでは，契約種別シミュレーションを行うと，業務用休日高負荷電力2型が効果的であった．年間削減額は313 000円（2.6％減）であるためT公園は契約種別変更で対応した．このように与えられた条件下のもとで，考え方を柔軟に転換していくことが大切である．

8　総　括

(1)　外灯点滅の2段階制御イメージ図①【図解1】

　外灯点滅を2分割すると，その季節変化イメージは図解1のようになる．タイマの設定を17:30～0:30と4:00～6:30に設定すると，冬季1月ごろはこの基準に合っているが，春から夏にかけて日照時間が長くなると，タイマと直列に接

第2章 O公園…外灯自動点滅の2段階制御

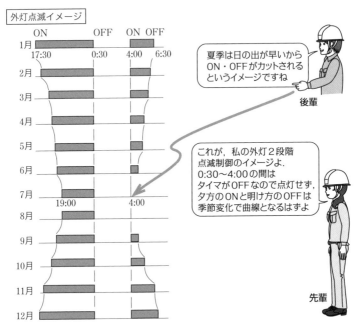

図解1　O公園 外灯の2段階点滅制御イメージ図①

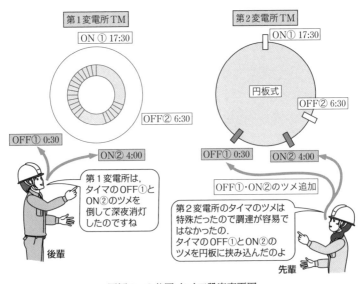

図解2　O公園 タイマ設定変更図

続されている自動点滅器とのAND回路により，点灯時間は夕方のONと早朝のOFFが図のように変化する．

(2) **タイマ設定変更図【図解2】**

タイマの設定変更は，第1変電所は図解2左図のとおり，金属のツメを内側に倒すだけで容易にできた．第2変電所は右図のように円板式であり，ツメによりON・OFFしていたため，ツメを2個調達し円板に差し込んで，1日2回のON・OFFを可能にした．

(3) **自動点滅器とタイマのAND回路図【図解3】**

外灯点滅は，自動点滅器（AS）とタイマ（TM）の直列回路で構成されて

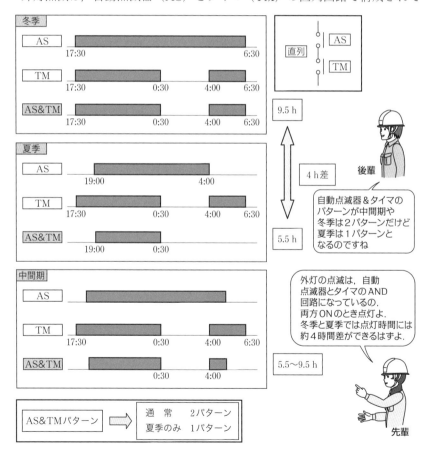

図解3　O公園 自動点滅器とタイマのAND回路

― 25 ―

おり，両方の条件が整ったとき点灯し，一方の条件がなくなると消灯する．冬季・夏季・中間期におけるASとTMの動作状況を示している．ASの検知は季節により変化するが，TMは一定である．タイマの2段階制御を行うことにより，冬季と夏季では点灯時間に約4時間の差が出る．タイマの点滅パターンは，通常ON・OFFが1日で2セット（2パターン）となるが，夏季は日照時間の関係で，早朝ASが4:00には解除の検知をするため，1パターンとなる．

(4) 外灯点滅の2段階制御イメージ図②【図解4】

　園内外灯のタイマ制御は，大きく二つのエリアに分割されている．グループ①をタイマ①で，グループ②をタイマ②で制御している．タイマのON・OFFを通常の1日1回から2回へ変更する．いままでの**因子①（夜～朝連続）**を夜因子と名付けるなら，新方式では，夜～朝を3分割することになり，**因子①'（夜因子），因子②（深夜因子）**および**因子③（早朝因子）**で構成される．以前は**因子①**と**因子③**の間に**因子②**が存在していたわけであるが，**この深夜因子のカット**が電力削減に寄与する．

(5) 電力料金削減計画における思考連鎖①【図解5】

　当初の考えは，業務用季節別時間帯別電力2型への変更による効果が大きい

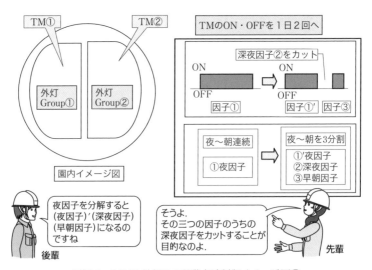

図解4　O公園　外灯の2段階点滅制御イメージ図②

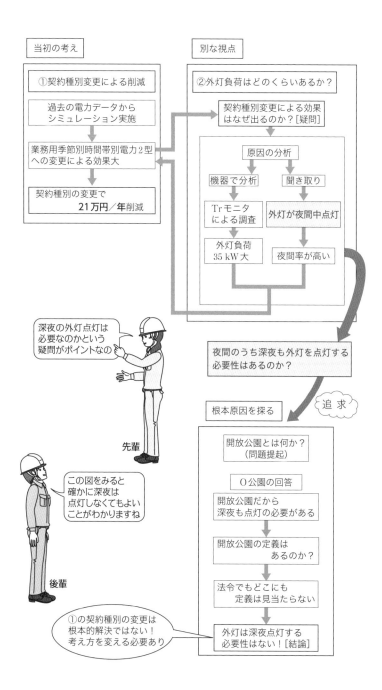

図解5　O公園 電力料金削減計画における思考連鎖①

ため，契約種別の変更を実施する予定であった．しかし，視点を変えると，この効果はいわば深夜も外灯を点灯しているという夜間効果によるものであって，本来の効果とはいえないことがわかった．根本原因を論理的に追究していくと，外灯は深夜点灯する必要性がないという結論にいたった．**契約種別の変更は根本的解決ではない．**

(6) 電力料金削減計画における思考連鎖②【図解6】

Ⓐリスクマネジメントの考え，Ⓑほかの事例を参照，Ⓒ深夜サービスのあり方など多角的に考えを深めると，結論は深夜消灯に行き着いた．**視点を変える**

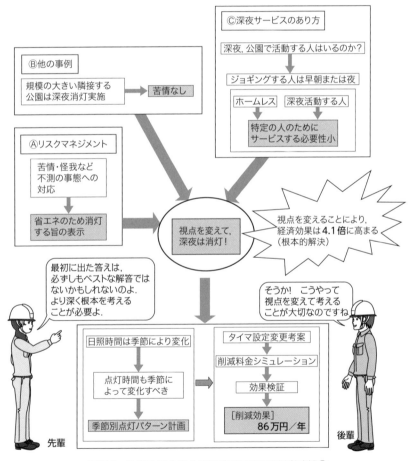

図解6　O公園 電力料金削減計画における思考連鎖②

ことにより，経済効果が4.1倍に高まるという結論が根本的解決である．

9 考　察

　最初に出た答えは一見正しいように見えるが，世の事象の答えは多岐にわたっており，数学のように単一な解のみではない．より最適な解を見つける努力をしなければならない．最後の結論を得た後に振り返ってみると，正にそのことを教えられた事例である．

　（現在，メニューの一部の新規契約は休止されている模様です．ここでは，考え方を参考にしてください．）

問題意識をもって思考を深めていくと,あるとき思考連鎖反応が起きるのよ．そして,アイデアがたて続けに浮かぶものよ

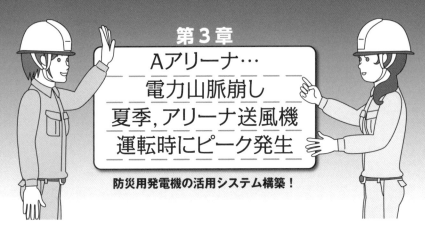

第3章
Aアリーナ…
電力山脈崩し
夏季,アリーナ送風機
運転時にピーク発生

防災用発電機の活用システム構築！

　Aアリーナは，球技・体操などの運動施設として広く市民に利用されている（**写真1・2**）．このアリーナ空間の空気循環のために設置されている送風機について，現地にすでに存在する防災用発電機を活用した事例を紹介する．

写真1　全景

写真2　アリーナ

1　現状分析

(1)　仮説設定

● 過去3年間の最大電力データを分析すると，第1図のとおり毎年8，9月にピークがあることがわかる．夏季だけ何か特別な機器が稼働しているのではないだろうか．その要因が発見できれば，電力合理化の可能性があるのではないだろうか？［問題提起1］

　このようにデータをグラフ化すると，表だけでは見えにくいものが如実に見えてくる．重要なのは一つあるいはいくつかのデータだけ突出しているというケースである．それが「異常値」であり，そこに問題の核心が潜んでいるものである．

　当アリーナの場合は8，9月の異常値の原因を探れば解決の緒(いとぐち)がつかめるはずだ．

(2)　現場調査（2012.4）

　現地で聞き取りを行うと，夏季にアリーナ送風機を運転していることがわかった．

① アリーナ送風機（**写真3**）は，$3\phi\,200\,\text{V}$　(A)$22\,\text{kW}$　(B)$15\,\text{kW}$
　　計　$37\,\text{kW}$

第3章 Aアリーナ…電力山脈崩し 夏季，アリーナ送風機運転時にピーク発生

② 運転の実態：7月～8月の暑い日約14日100時間程度運転している（単なる空気循環の送風機であり，空調機ではない）

● 第1図の2010.8のピークが小さいのは，なぜだろうか？ [問題提起2]

　送風機故障のため停止していた事実を確認した．すなわち空調機ではないため，重要な機器ではないが，なくすと困ることもわかった．

③ 現地には，3ϕ 200 V 100 kV·Aの防災用発電機（**写真4**）が存在する．

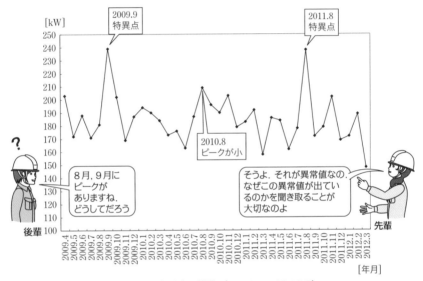

第1図 最大電力の推移（2009.4～2012.3）

写真3 送風機

― 32 ―

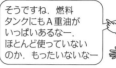

写真4　防災用発電機（100 kV·A）・燃料タンク

2　電力合理化計画の策定

① 第2図のようにアリーナ送風機を商用電源から切り離し，発電機専用回路とし，契約電力を37 kW削減する（2012.5）．負荷容量にも問題はなく，運転時間からも500時間以内をクリアーできる．工事の具体的な配線図を第3図に示す．

② 停電時は本来の機能に復帰する回路構成とする（停電時はアリーナ照明点灯）．

③ 発電機運転は実負荷運転と位置づけ，改造は行わない．

④ 発電機運転は職員が行い，非常時のための訓練としても位置づける．運転マニュアルを作成して徹底する（第4図参照）．

発電機活用の経済効果予測は，第1表のとおりであり，1.84年で投資額を回収できる．昨今の経済情勢から，先のことは見通せないのが現実である．筆者は長くとも3年以内で，投資額を回収することを目安として電力合理化を進めている．

第3章 Aアリーナ…電力山脈崩し 夏季，アリーナ送風機運転時にピーク発生

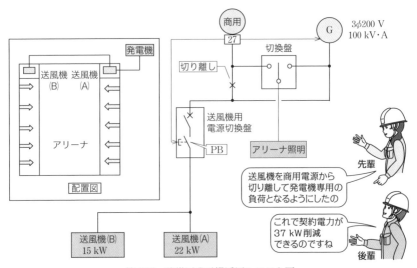

第2図 防災用発電機活用システム図

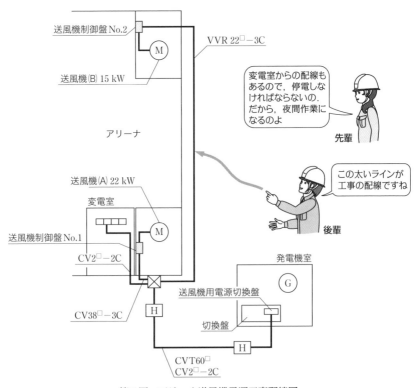

第3図 アリーナ送風機電源工事配線図

```
┌─────────────────────────────┬─────────────────────────────┐
│      送風機運転方法          │      送風機停止方法          │
├─────────────────────────────┼─────────────────────────────┤
│  発電機手動運転【試験】【始動】│   送風機制御盤              │
│            ↓                 │   送風機(A)(B)を【OFF】      │
│  送風機用電源切換盤の        │            ↓                 │
│  押しボタン【ON】            │   送風機用電源切換盤の       │
│            ↓                 │   押しボタン【OFF】          │
│  送風機制御盤                │            ↓                 │
│  送風機(A)(B)を【ON】        │   発電機【停止】【自動】     │
│  ※この場合,アリーナ照明などは│  ※発電機停止後,カウントダウン│
│   通常どおり商用電源で供給   │   し,必ず自動側へセットしてお│
│                              │   くこと                     │
└─────────────────────────────┴─────────────────────────────┘
```

```
┌─────────────────────────────────────────────────────────┐
│          送風機運転中に商用電源が停止した場合            │
├─────────────────────────────────────────────────────────┤
│  変電室 不足電圧継電器 動作                              │
│            ↓                    →                       │
│  発電機はそのまま運転中      送風機用電源切換盤は        │
│            ↓                 停電信号により自動OFF       │
│  切換盤内の不足電圧継電器にて         ↓                 │
│  停電検知,MCを発電機側へ切換え  送風機(A)(B)強制OFF      │
│  ※この場合,アリーナ照明などは                           │
│   発電機電源で供給する                                   │
└─────────────────────────────────────────────────────────┘
```

```
┌─────────────────────────────────────────────────────────┐
│              商用電源が復旧した場合                      │
├─────────────────────────────────────────────────────────┤
│  変電室 不足電圧継電器 復帰                              │
│            ↓                    →                       │
│  切換盤内の不足電圧継電器にて  発電機は継続運転中のため  │
│  復帰検知,MCを商用側へ切換え  不要な場合は手動にて停止  │
│  ※この場合,アリーナ照明などは ※発電機停止後,カウントダ  │
│   商用電源で供給する           ウンし,必ず自動側へセッ   │
│                                トしておくこと            │
└─────────────────────────────────────────────────────────┘
```

先輩:「そうよ.これをつくっておくと,だれでも発電機と送風機の運転・停止ができるのよ.特に発電機の運転は,非常時も役立つと思うの」

後輩:「これが発電機の運転マニュアルですね」

第4図　防災用発電機運転マニュアル

第3章　Aアリーナ…電力山脈崩し　夏季，アリーナ送風機運転時にピーク発生

第1表　防災用発電機活用の経済効果

1. 発電計画
　　Aアリーナに設置してある防災用発電機(100 kV·A)を夏季に運転し，アリーナ送風機(37 kW)を賄う．
2. 経済効果(年間)

		効　　　果	根　　　拠	備　考
電力会社	使　用　電　力	▲37 kW		
	使 用 電 力 量	▲3 700 kW·h		
	基　本　料　金	▲618 200円	37 kW×1 638 円/kW×0.85×12月	
	電 力 量 料 金	▲61 600円	37 kW×100 h×16.65 円/(kW·h)	
	小　　　　計	▲679 800円		
防災用発電機	発 電 機 負 荷	37 kW	送風機(22 kW+15 kW)	
	発 電 電 力 量	3 700 kW·h	37 kW×100h	
	燃 料 使 用 量	1 110 L	24 L/h×37/80×100 h	A重油
	燃　　料　　費	99 100円	1 110 L×85 円/L×1.05	
	メンテナンス費	139 200円		
	小　　　　計	248 400円		
	計	▲431 400円		

3. 投資効果
　(A)　経済効果(年間)　431 400円
　(B)　改修工事費　　　792 000円

　　投資額回収年数　(B)/(A)＝1.84年

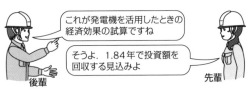

3　改善工事

　成果を早く出すためには，改善工事を夏季，送風機運転前に実施すべきである．そうすれば，2012年夏季に契約電力の低減が可能である．すなわち，**行動のスピードを上げて，タイムリー性を重視する必要がある．**

　施設の利用頻度が高いため，工事は夜間作業となった(2012.6)．外線工事はすでに終えていたので，当日は盤メーカによる発電機切換盤内の工事が主体であった．シーケンス図をもとに，M氏をはじめ数人は黙々と作業を進める．声をかけるのは禁物である．作業者の集中力を殺ぐからである．待つこと数時間，結線は終了した．

　工事完成後，いよいよ発電機の試運転を開始することになった．エンジンの運転状況も順調であった．ところが数分後，「ブスブス」という異常音ととも

に周波数低下の表示が出てエンジンが停止した．燃料タンク（A重油 1 950 L）には十分な燃料がある．集まった者みな，発電機に関して精通した人はいなかったため考え込んだ．しばらくして，電気施工業者のベテランN氏が言った．「停止の様子が変だな．原因は発電機じゃなく，エンジンが怪しいな……．燃料系統に問題があるのではないか．」早速，皆で燃料バルブ系統を総点検した．すると，エンジンへの燃料入口管のバルブが閉［close］になっていることがわかった（写真5）．発電機に燃料が供給されていないことが判明した．これでは動くはずがない．バルブを開［open］として，エンジンを起動したところ，今度は始動渋滞を起こし，なかなか稼働しない．そこで，またN氏の一言，「たしか，**燃料移送ピストン**がどこかにあるはずだ．」また皆でエンジン内部を探した．やっとそれらしき物を見つけた．そしてピストンを何度も上下するうち

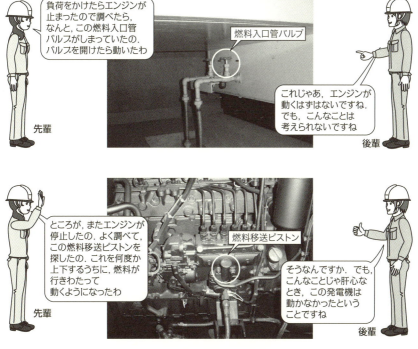

写真5　防災用発電機（問題の部分）

― 37 ―

第3章 Aアリーナ…電力山脈崩し 夏季,アリーナ送風機運転時にピーク発生

にやっと燃料が供給できたようで,正常運転となった.燃料を急に供給しても,すぐにはうまくエンジンに到達しなかったことが原因だった.まさに試行錯誤の連続だった.

この事例も発電機の短時間の無負荷点検ゆえに起こった事実であり,もとの状態では有事の際には稼働しなかったはずである.発電機は日ごろ使わなければならないことを,またも思い知らされた.

この夜間,運転が正常になってから行った実負荷試験のデータを第2表に示す.慎重に,まず送風機(A)22 kWを投入すると,約20 kWの負荷がかかった.エンジンの回転数が若干落ちたようだが運転は安定している.次に,送風機(B)15 kWを投入し,送風機(A)と送風機(B)が同時にかかった時点で,電力計は34 kWを示した.

施工業者および盤製作メーカ技術者の方々の御協力のもとで,悪戦苦闘,難攻不落の末,工事および実験を成功に導くことができた.すべてが完了したのは,22時であったが私は時の経つのを忘れていた.アイデアから計画,工事と一連の流れの成功に充足感を抱いていた.

第2表 防災用発電機実負荷試験DATA

時 刻	負荷状況	電圧[V]	電流[A]	周波数[Hz]	負荷[kW]	備 考
21:20	0	205	0	51.5	0	
	送風機(A)投入	205	65	51.0	20	送風機(A) 20 kW(定格電力 22 kW)力率 0.91
21:40	送風機(B)投入	205	107	50.5	34	送風機(B) 14 kW(定格電力 15 kW)力率 0.93

4 効果検証

以上の改善の結果,第5図のとおり,契約電力は2012.8に238 kWから202 kWに低減し(36 kWの削減),2012.11には,193 kWに低減した(計45 kW削減).当初目標のピークカットを達成することができた.

改修工事費は,792 000円

燃料費およびメンテナンス費を減じた,年間電力料金削減額は,431 400円であり,計画実施から1年たっていないが,1.84年で投資額を回収できる見通しがたった.大形送風機の発見と現地で何年も眠っていた防災用発電機の活用で問題解決ができた.

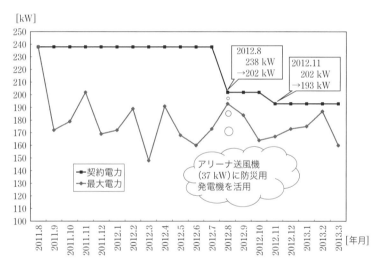

第5図 最大電力・契約電力の推移

5 発電機運転の実践

災害は突発的にやってくる.災害時に防災用発電機を運転する技術者がいつ

第3章 Aアリーナ…電力山脈崩し 夏季，アリーナ送風機運転時にピーク発生

もいるわけではない．そこで，**防災用発電機運転のマニュアル（第4図）**を作成し，だれでも運転対応できる体制とした．このことは，災害時にだれでも発電機を運転できるという防災体制にも寄与するものと考える．当アリーナは災害時の避難施設としても位置づけられており，日ごろの訓練としても役立つものと考える．

なお，この防災用発電機を常用的に使用するため，K公園と同様に経済産業局に発電機扱いとして申請し，承認を得たものである．

6 総 括

(1) 電力合理化の思考プロセス① 【特異点は電力山脈】【図解1】

思考プロセスを，**図解1に示す**．毎年夏季に電力ピークの特異点が存在する．私には電力ピークを頂点とする山脈のように見えることから，**電力山脈**と名づけた．この電力山脈を崩して，極力フラットにすることが課題である．ここで，なぜと疑問を発することにより，また現地調査と聞き取りにより，このピーク

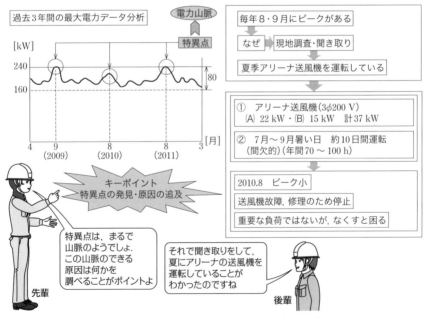

図解1 Aアリーナ 電力合理化の思考プロセス①

の原因であるアリーナ送風機は，特別に重要な負荷ではないが，なくすと困ることがわかる．

(2) 電力合理化の思考プロセス②　【電力山脈を崩すための方策】【図解2】

　図解2のように，電力山脈を崩すために防災用発電機の活用計画を立案した．また，工事のタイミングを逸しないようにタイムリー性・スピードを重視して取り組んだ．

(3) 防災用発電機活用イメージ図【図解3】

　図解3の左図で発電機電源は，非常時アリーナ照明に供給される．ここで工夫により，通常の夏季，アリーナ送風機に活用するイメージを表す．すなわち，

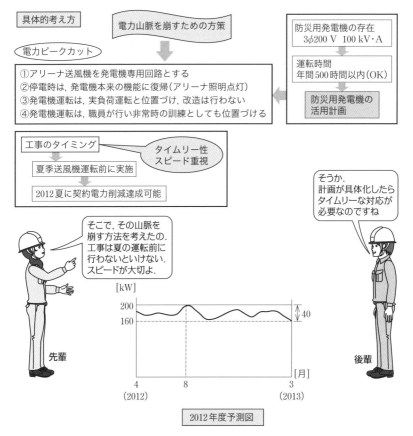

図解2　Aアリーナ 電力合理化の思考プロセス②

― 41 ―

第3章 Aアリーナ…電力山脈崩し 夏季,アリーナ送風機運転時にピーク発生

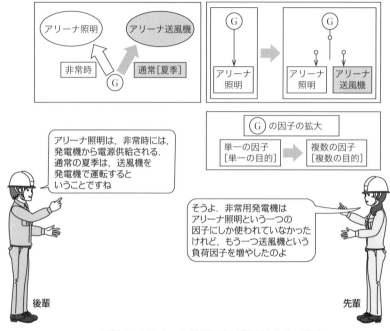

図解3 Aアリーナ 防災用発電機活用イメージ図

発電機負荷として単一の因子［単一の目的］から複数の因子［複数の目的］へと，発電機因子の活用を拡大したことになる．発電機の多目的活用である．

(4) 防災用発電機燃料配管システム図（防災用発電機メンテナンスの落とし穴）
【図解4】

改善工事後，実負荷運転を実施した際に，発電機が停止した原因は燃料入口管のバルブが閉まっていたことにある．エンジンに燃料が供給されていなかったためである．なぜ，バルブが閉となっていたかは定かではないが，なんらかの要因で閉としたまま放置されてきたことになる．

日ごろのメンテナンスが，月に一度の無負荷運転ゆえの出来事で，燃料はほとんど使用せず，おそらく，エンジン内の燃料タンクに貯まっていた，少量の燃料のみでいままで稼働してきたものと推定される．燃料タンクのA重油は，設置以来約8年ほとんど使用されていない．今回の計画を実施しなかったら気づかなかった事実である．やはり発電機には実負荷運転が必須事項である．

― 42 ―

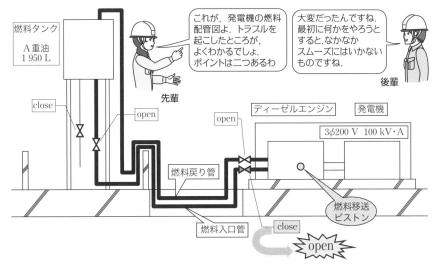

図解4　Aアリーナ 防災用発電機燃料配管システム図

7 考　察

　発電機は無負荷運転のみでは，エンジンにカーボンが付着する．また燃料も長期にわたり使用しないため経年劣化のおそれがあり，いざというときに満足な運転ができるという保証はない．現に当アリーナの燃料タンクは，設置当初からほとんど未使用である．

　また日ごろ，実負荷運転を行って，常にベストなコンディションに保っておくことが大切である．そういう意味では，**大形送風機と防災用発電機の組合せ**という，この計画は有意義な事例ではないかと考える．

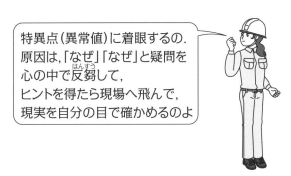

第4章 S公園…二つの噴水の時間差攻撃 電力の因数分解により電力合理化

深井戸ポンプの防災対応への発展！

　S公園には，上池と下池にそれぞれ魅力ある噴水があり，市民の憩いの場となっている（**写真1**）．この2基の噴水について，いかにしたら合理的な上げ方ができるのか，さまざまな検討を行った手法を解説する．また深井戸ポンプと上池噴水の関係の研究，園内に点在する外灯の自動点滅器の不思議について述べる．最後に，電力合理化の応用として考えた防災用発電機の活用に言及する．

写真1

1　現状分析

(1)　仮　説

　噴水の上がる時間帯が間欠的であれば，30分デマンドに着眼し，からくり電力【筆者命名】（機器の運転時間をシフトして，30分間の電力を減らすこと

により削減できる電力）を生み出すことができるのではないか？［問題提起］
なお，からくり電力については，紙面の関係上，後述するプールの項で詳しく解説する．

(2) 現場調査

現地で噴水の時間帯，ポンプ容量およびシステムを調査したのが**第1図**である．上池と下池の噴水時間帯に重なりがみられる．特に12:00〜12:15に顕著である．動力因子として，上池噴水ポンプは計34 kW，下池噴水ポンプは計11.1 kWである．また深井戸ポンプは18.5 kW，排水ポンプは11 kWが2台，上池と下池の循環ポンプは5.5 kWが2台あることがわかった．

(3) 問題点の発見

① 上池噴水と下池噴水が同時に上がっている時間帯がある
② 夏季晴天時，上池の浄化のために，深井戸ポンプを運転している［トラン

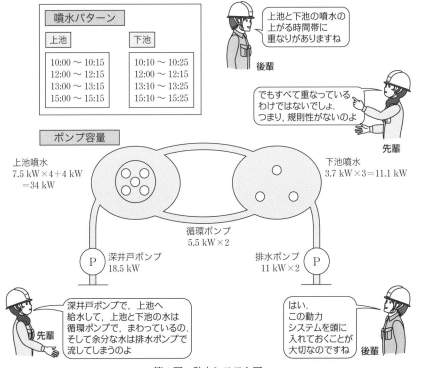

第1図　動力システム図

スモニタの特異曲線からの発見と，現地での聞き取りで判明]
③ 外灯用自動点滅器が，なぜかキュービクル内に設置されている［梅雨時15:00ごろ，現地の外灯が点灯…疑問からの発見］
〔自動点滅器の所在を探していたとき，キュービクルの扉を開いたら消灯〕

2 電力合理化対策

(1) 対策①：上池噴水と下池噴水のタイムシフト（動力因子の縮小）

第2図のとおり，上池・下池の噴水時間帯を変更する．上池噴水は，30分の時間帯をまたいで7.5分ずつ運転し（時分割），下池噴水は上池噴水が作動しない30分間を選んで運転するパターンとする．これにより，動力最大電力は約14 kW減となる．CS（顧客満足度）を低下させることもない．なお，上池，下池のプログラムタイマ（**写真2**）は，それぞれの噴水近くの制御盤内に設置

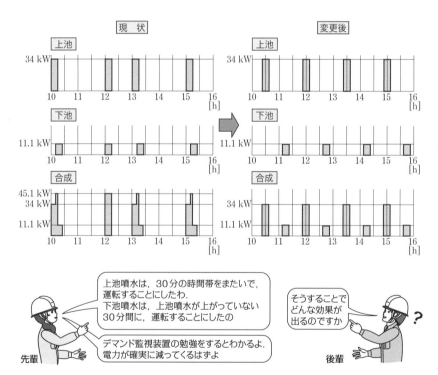

第2図 噴水パターン変更図

されており，計画のとおり時刻設定の変更を行った．

【根拠】

　　現　状　ピーク時（30分値）22.55 kW
　　変更後　ピーク時（30分値）　8.50 kW
　　差引き　14.05 kW減

(2) 対策②：上池噴水と深井戸ポンプのインタロック（動力因子の融合）

深井戸ポンプ（写真3）運転時，上池噴水の時間帯になったら深井戸ポンプを一時停止できるよう，インタロック回路を組み込んだ．また，循環ポンプとのインタロックも施した．

この改善工事を発注した盤メーカのM氏は，私が考案したシステム図をみながら，具現化に取りかかる．しばらく考えてから，電光のようなひらめきで回路図を黙々と描き始める．私にはM氏の頭のなかが

上池噴水プログラムタイマ

下池噴水プログラムタイマ

写真2

①深井戸ポンプ　②深井戸ポンプ制御盤　③受水槽
写真3　深井戸ポンプ周辺

— 47 —

電気回路のように思えた．後日，完成したシーケンス図をもとに結線作業を行うが，結線は当公園システムの中枢の盤がある管理事務所で行った．既存の図面がないため，ベルやランプの付いた小道具を使って，導通チェックらしきものを行いながら，手探りの複雑な作業であった．

(3) 対策③

Ⓐ外灯用自動点滅器をキュービクル外部へ移設（電灯因子の縮小）（写真4）

Ⓑ不必要な園内半分の外灯を消灯するため，タイマをOFF（電灯因子のカット）

写真4　外灯用自動点滅器（AS）

3　効果検証

以上の**電力合理化対策①②**を，トランスモニタの解析からグラフ化したのが第3図である．対策①により，最大電力は約14 kWの減．対策②により，さらに約8 kWの減となっていることがわかる．電力合理化の推移を示したのが第

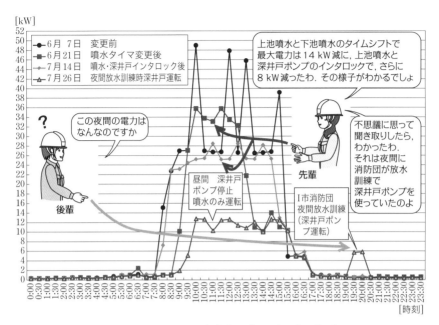

第3図 三相変圧器日負荷曲線【電力合理化の状況】

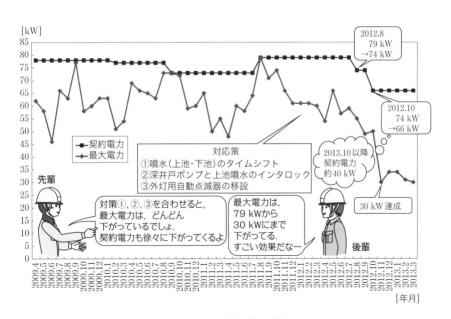

第4図 電力合理化の推移

― 49 ―

第4章 S公園…二つの噴水の時間差攻撃 電力の因数分解により電力合理化

4図であるが，対策③による効果（電灯最大電力は18 kWの減）を合わせると最大電力は，79 kWから季節の変化にもよるが，理論上40 kWの減となり，契約電力は，2013.10以降40 kW前後となると予想される．年間基本料金削減額は668 000円となる．現にその後を追跡すると，契約電力は40 kW前後で推移している．

また，電力使用量も年間約30 000 kW·hの減となり，電力量料金を約474 000円削減することができた．一方，この一連の工事に要した費用は，362 600円であり，大幅な黒字である．

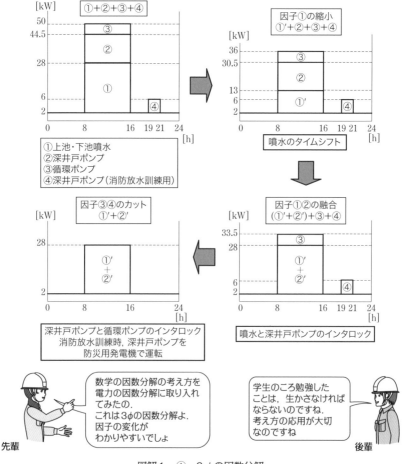

図解1-① 3φの因数分解

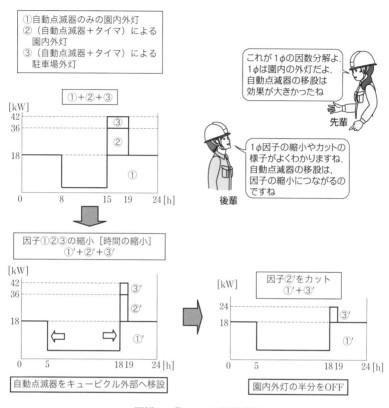

図解 1 − ② 1φの因数分解

　さらに，文中で因子という言葉を多用したが，これは数学の因数分解の考え方を電力の因数分解に取り入れたものである．当面する課題を因数分解するということは，複雑な事象を単純化することであり，物事をわかりやすくすることにつながる．要するに，仕事をやりやすくすることになる．

　その思考プロセスを，トランスモニタのデータから解析し，3φの因数分解・1φの因数分解・3φ＋1φの因数分解（合成）に分けて示したのが，図解 1 − ①，1 − ②，1 − ③である．3φ因子は，①上池・下池噴水，②深井戸ポンプ（上池浄化用），③循環ポンプ，④深井戸ポンプ（消防放水訓練用）に分解できる．また1φ因子は，①自動点滅器のみの園内外灯，②（自動点滅器＋タイマ）による園内外灯，③（自動点滅器＋タイマ）による駐車場外灯に分解できる．こ

− 51 −

第4章 S公園…二つの噴水の時間差攻撃 電力の因数分解により電力合理化

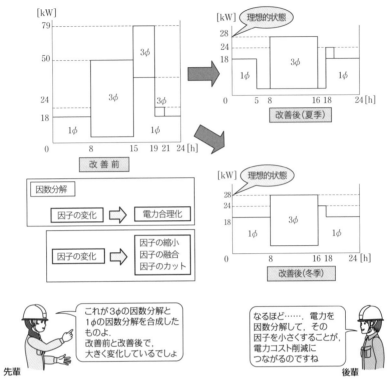

図解1-③ 3φ+1φの因数分解（合成）

こで，工夫による因子の変化（因子の縮小・融合・カット）が電力合理化を示している．

4 消防団放水訓練に防災用発電機を活用

　トランスモニタの分析を継続していると，第3図からわかるように1週間に一度ほど，19:00～20:30まで6kWの動力の突起がみられた．なぜ夜間に動力が作動するのか，とても不思議に感じた．噴水は昼間の稼働であり，深井戸ポンプも聞き取りでは夏季昼間に上池の浄化にしか使わない．さらに調査を進めると，思わぬ事実を確認することができた．I市消防団が夜間に，深井戸ポンプを使用して放水訓練を実施していたのである．

　それならば，さらに思考を発展させて，現地にある防災用発電機を放水訓練

に使ってはどうかという問題提起にいたった．キュービクル内に深井戸ポンプの商用・発電切換回路を組み込み，訓練時には防災用発電機を運転し，この切換盤で自動から手動とし，深井戸ポンプ電源を発電機から供給することとした．第5図のように放水訓練時・深井戸ポンプ運転マニュアルを作成し，I市消防団に周知した．このことは，直接電力合理化とは関係ないが，その延長線上で考えたことがであり，防災対応として日ごろ使用していない防災用発電機を訓練に活用できるという，願ってもない絶好の機会だと考えた．

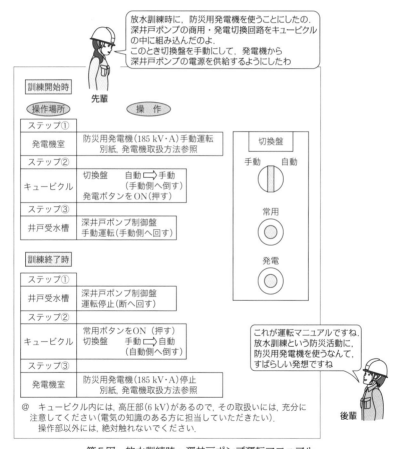

第5図　放水訓練時・深井戸ポンプ運転マニュアル

5 総 括

(1) 二つの噴水の時間差攻撃イメージ図【図解2】

図解2に示すとおり，条件として，上池噴水・下池噴水は15分ずつ間欠的に上がっている．ここで考えたことは，二つの噴水は同時に上げなくてはいけないのだろうか．また二つの噴水は離れており，観客は同時に二つの噴水を観ることはできない．では，時間帯をずらしたら二度楽しむことができるのではないかという3点である．そしてこの対策により，電力コスト削減も達成することができ，CS（顧客満足度）も高まるはずである．

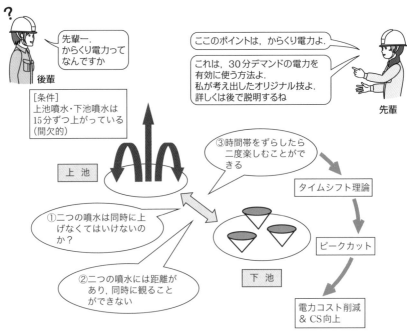

図解2 S公園 二つの噴水の時間差攻撃イメージ図

(2) 動力インタロック確認テスト【図解3】

上図で商用電源の場合は，上池噴水ONのとき，深井戸ポンプをOFFとする．これはピークカットにつながる．深井戸ポンプONのときは，上池・下池の循環ポンプをOFFとする．この対策により，曝気をしているときに，汚水

を循環させないという効果が出る．

次にわかったことは，I市消防団の放水訓練は，通常，夜間に実施されるが，訓練の成果を競う大会は昼間行われることである．ここで大切なことは，上池噴水が上がっているとき，インタロックにより深井戸ポンプが停止しては困ることと，せっかくシステム化したピークカットの原理が崩れてしまうことである．この対応として考えたのが，大会時には，昼間も防災用発電機を運転し深井戸ポンプを賄い，上池噴水は通常の商用電源で運転することである．**上池噴水と深井戸ポンプが異なる電源で並列運転することにより，大会時にピークが**

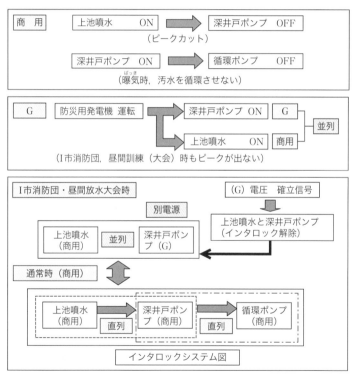

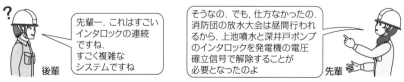

図解3　S公園 動力インタロック確認テスト

出ることもない（中段の図参照）．

　下図に，I市消防団の昼間放水大会時のシステムを示す．ここで上池噴水と深井戸ポンプは，お互い別電源で稼働するという**並列的発想**を意味する．防災用発電機の電圧確立信号を拾って，上池噴水と深井戸ポンプのインタロックを解除するシステムとした．また，通常は商用電源で上池噴水が上がると深井戸ポンプはインタロックされ，深井戸ポンプが運転すると循環ポンプがインタロックされる．この一連の流れはいわば**直列的発想**である．

(3) 電力合理化応用（防災対応）【図解4】

　S公園の動力システムの全体像および防災対応の考え方をまとめたのが，図解4である．

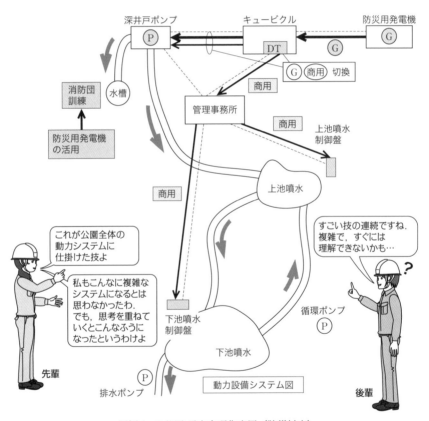

図解4　S公園 電力合理化応用（防災対応）

6 考 察

　開放公園の電力使用形態を分析すると，その特徴として，昼間の電力は主として噴水などの動力であり，夜間の電力は外灯であることがわかる．**図解1－③**から，3φと1φが重ならない理想的な状態では，最大電力は約30 kWになると推定される．事実，第4図からわかるように2012.11の最大電力は30 kWとなった．このように因数分解を使った数学的思考は，ビジネスにも応用できる．

　以上の各電力合理化のステージは，現場での気づき・トランスモニタでの解析・偶然の発見による**思考の連鎖（Thought Chain）**【筆者命名】によるものである．机上では得られない現場ならではの産物である．

現場では刑事のように徹底的に聞き取るのよ．
数学的思考は単なる学問ではなくて,ビジネスに応用してこそ真価を発揮するものよ

第5章
S水族館…魚電力からのひらめき・動物電力への連想

契約メニューの変更で成果！

　S水族館は淡水魚専門の水族館で，全国でも珍しい部類に属する．魚の数は120種類に及び，常設展示とともに企画展も行われ，世界の淡水魚展も開催される（**写真1**）．児童から大人まで楽しめる施設として情報発信している．この水族館の変電設備の定期保安検査時に機器のトラブルが発生し，その復旧時に発見した事象から，電力コスト削減へ発展した事例について述べる．

写真1

— 58 —

1　電気保安検査

(1)　トラブル発生（2009.11）

　当水族館の受変電設備は，屋内キュービクル（写真2）である．年に1度の停電を伴う保安検査を午前10時から実施していた．検査は順調に進行していたが，作業もほとんど終わり，主遮断器（VCB）（写真3）を投入しようとしたところ，滑っているようで投入が不可能となってしまった．何度も試みたのだが，一向に改善の兆しはみられなかった．そこで急きょメーカに問い合わせ，専門技術者に来てもらうことにした．VCBを分解していくと，どうも駆動部周辺の部品が消耗していることと，グリース切れで機構部が固まり，円滑に開閉できなかったことが原因のようだ．2～3時間の修理調整を経てようやく復旧した．

写真2　屋内キュービクル

写真3　トラブルを起こしたVCB

(2) トラブルからの気づき

　復電後，電圧計・電流計を確認していたとき，動力用の電流計（写真4）が約300 Aを指している．復電したのは午後6時であり，冬季であったので周辺はもう暗い．こんな時間に何の機器が稼働しているのだろうか．疑問を感じたので，早速，水族館の担当者に聞き取りを行うと，魚用に24時間冷水を供給しているとのことであった．そして，冷凍機，ろ過器，冷水循環ポンプ（写真5）が稼働していることを確認した．

　私は魚のことに詳しくはないが，説明を受けると，魚とは，冷水がないと生きていけない類(たぐい)のものがほとんどだそうだ．ここでひらめいたのが，「魚飼育用に**魚電力【筆者命名】**というものがあるのだ」ということだ．さらに，この水族館は日曜日・祝日も営業している．すなわち，**夜間時間に使用する電力量が多いということは，契約メニューを業務用季節別時間帯別電力2型へ変更したほうが有利なのではないか**．なぜなら，この契約でいう夜間時間とは，平日の午後10時から午前8時までの時間であり，それに加え，この夜間時間は，日曜日，祝日にも終日適用されるからである．

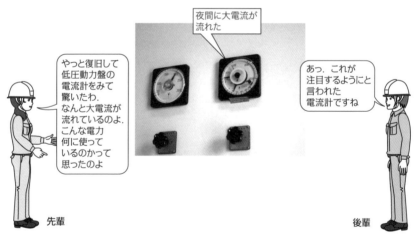

写真4　低圧動力盤電流計

No.1冷凍機

ろ過器

No.2冷凍機

冷水循環ポンプ

先輩：聞き取りをしたら，魚の飼育には，冷水が必要で，冷凍機・ろ過器，冷却水ポンプが稼働していることがわかったわ
魚電力って名前をつけたよ

後輩：うーん．これだけの機器が動いていたから大電流が流れたのですね

写真5　魚飼育用冷水機器

2　契約メニューのシミュレーション

(1)　シミュレーション①【水族館】

　電力会社で提示されている6種類の契約メニューに，過去1年間のデータを当てはめてシミュレーションした．シミュレーションにあたっては，各契約メニューの料金体系に応じたフォーマットを，エクセルで作成した．これに月別使用電力量データを入力していけば算出できる．また，業務用季節別時間帯別電力2型の特徴として，年間を通じて使用電力量が多く，極端なピークがなく，夜間や日曜日・祝日に利用する施設にメリットがある．また，夜間時間の使用電力量が大きい施設に有利である．当水族館は日曜・祝日にも営業しており，かつ平日より入館者が多く，必然的に電力消費量も多いため，まさに最適なメ

ニューであることが予測される.

当水族館では，昼夜を問わず年間を通して終日，冷凍機・ろ過器・冷水循環ポンプが稼働している．先に述べたように保安検査の際，夜間に，契約電力202 kWに対して約80 kWの機器が作動していたため，夜間の負荷が大きいことがわかった．メニュー変更の経済効果を試算すると，年間552 000円の削減となり，夜間率は37.8 ％である．このように，**論理的にものごとを考えていくためには，「仮説設定力＋シミュレーション能力」が要求される．**「こうすれば，こうなるのではないか」という仮説を立てること．次に，仮説に基づきシミュレーションを行うことである．

⑵　シミュレーション②【動物園】

さらに推論を重ねているうちに，**水族館で効果があるならば，動物園にも何か効果のある契約メニューがあるのではないだろうか，**という考えにいたった．そこで，K動物園から過去1年間のデータを取り寄せ，水族館と同様にシミュレーションを行ったところ，業務用休日高負荷電力2型への移行が適していることがわかった．やはり，種類は違うが2型である．

削減効果予測は，年間269 000円である（休日率は32.8 ％）．**魚電力から哺乳類への類推が功を奏した．**水族館と合わせると，経済効果として，年間計821 000円の削減が可能である．

3　使用電力量および最大電力の推移【水族館・動物園】

過去データから，使用電力量の月別推移を水族館と動物園について分析すると，**第1図**のとおりである．水族館には，夏季のピークがある．動物園には夏季のピークもあるが，それ以上に冬季のピークが勝っている．これについては，動物飼育担当の方に聞くと，哺乳類のなかでも小動物は，冬季に暖房を必要とする類のものが多いそうである．電力の使われ方を通じて，魚類や哺乳類の生態の勉強になった次第である．なお，最大電力の推移も**第2図**のとおり，使用電力量と傾向が類似しており，相関関係があることがわかる．

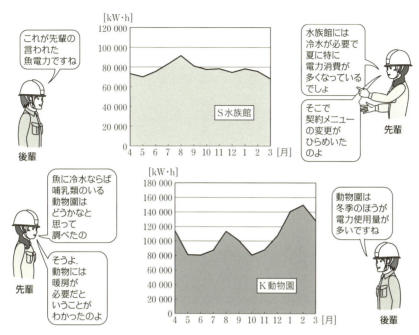

第1図　2009年度使用電力量の推移

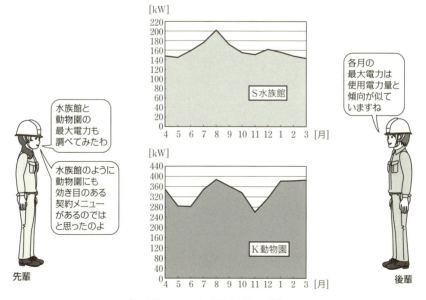

第2図　2009年度最大電力の推移

4 契約メニュー変更と効果検証

(1) 季節別時間帯別効果（2010.1～）

契約メニュー変更後，S水族館の季節別時間帯別使用電力量の月別推移は，**第3図のとおりである**．ピーク時間は夏季のみ適用のため，7～9月に計30.9 MW·h消費している．5月は祝日が多いため，夜間時間電力量が増加した分，昼間時間電力量は減少している．夜間時間電力量は毎月40 MW·h前後で，年間を通して安定しており，年間計は475.4 MW·h，夜間率は49.7 %（総使用量の約半分）に達している．

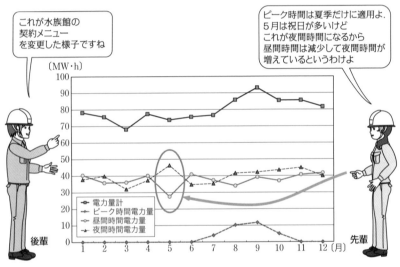

第3図 S水族館 季節別時間帯別電力量の月間推移（2010）

(2) 経済効果

第4図からわかるように，1年間でS水族館は1 165 000円の減である．夜間率が予測を大きく上回ったことが，大きなコスト削減にかかわっている．K動物園は719 000円の減で，休日率が38.4 %であり，これも予測を上回ったことが効果増の要因である．合計1 884 000円のコスト削減を達成した．これは当初予測を大幅に上回り，結果的に目標達成率229 %となった．**施設の使用形態に応じて，適切な契約メニューを選定することにより，申込みだけで，削減効**

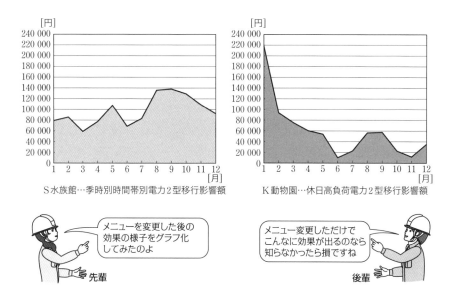

第4図 契約メニュー変更による削減額の推移（2010）

果が得られる事例である．

5 総 括

(1) 魚電力からのひらめき【図解1】

図解1に，トラブルからの思考回路を示す．動力盤の電流計の振れから，巡らした連想の流れである．**魚電力の発見にいたり，そこから哺乳類（動物電力）への考えの発展を表す**．

(2) 思考の図式【図解2】

夜間に大電力を使用しているということは，季節別時間帯別電力2型への変更効果が出るだろう．直感からの推論である．偶然のトラブルからの発見ではあるが，**過去データの分析と常に思考を継続していることにより，考えが発酵しているからこそ気づくことができることがらである**．また，魚類と似た哺乳類への論理の発展のような，柔軟な発想も湧いてくる．

(3) 電力使用形態（24hスパンの因数分解）【図解3】

公園の電力使用形態を分析すると，大きく3タイプに分類される．一つ目は

第5章　S水族館…魚電力からのひらめき・動物電力への連想

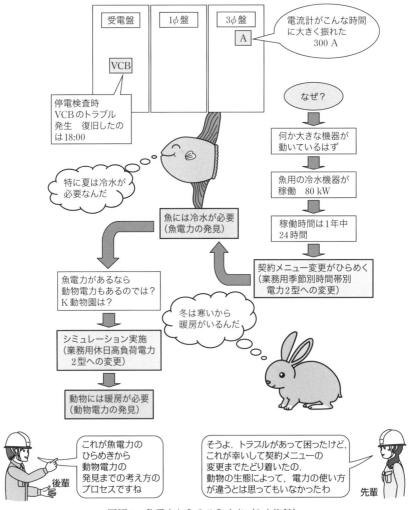

図解1　魚電力からのひらめき（S水族館）

水族館や動物園のような年間営業型，二つ目はいつも市民に開放している開放公園型，三つ目はプールのように特定の季節に営業する季節営業型である．

① 年間営業型

　水族館では，24時間，魚飼育用冷水機器が稼働しており，これがベース電力である．営業時間になると入館者に対する照明・空調などがピーク要素となる．動物園でも似たような傾向があり，ベース負荷は動物飼育用電力であり，

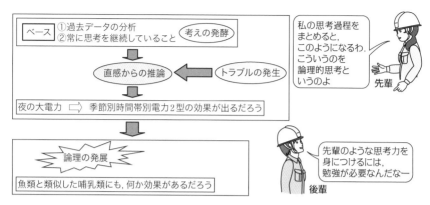

図解2　S水族館　思考の図式

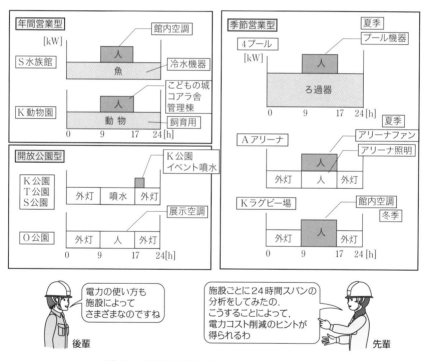

図解3　電力使用形態（24hスパンの因数分解）

昼間は入園者へのサービス用の電力を供給することになる．

　いずれも，魚や動物のベース負荷に人的なピーク負荷が上乗せされることになる．

第5章　S水族館…魚電力からのひらめき・動物電力への連想

② 開放公園型

　開放公園には，一般的に多数の外灯がある．場所によっては憩いの噴水施設もある．大きく分類すると，夜間は外灯電力，昼間は噴水電力と考えていいだろう．

③ 季節営業型

　プールでは，夏季営業時24時間，プールろ過器が稼働しており，この電力がベースとなる．昼間の営業時は，プール機器やシャワーなどの人的なサービスのために電力は消費される．また，アリーナでは夜間は外灯電力であり，昼間はアリーナ照明がベースであり，夏季の暑い時期に稼働するアリーナファンがピーク要素となっている．ラグビー場では，やはりベースは夜間の外灯電力であり，試合時の館内空調がピークとなる．

　以上のように現地調査と現場での聞き取り，それに自己の想像を加えること

業務用電力

契約種別	基本料金 [円/kW]	電力量料金 [円/(kW・h)]	
業務用電力	1 638	夏　季	16.65
		その他季	15.55

業務用季節別時間帯別電力2型

契約種別	基本料金 [円/kW]	電力量料金 [円/(kW・h)]	
業務用季節別 時間帯別電力 2型	1 953	ピーク時間	17.19
		昼間時間　夏　季	16.62
		その他季	15.48
		夜間時間	12.10

S水族館で効果が発生する理由
① 夜間に稼働する大きな負荷（魚飼育用冷水機器）があるため，夜間時間の適用度が高い
② 日・祝日の入館者が多いため電力消費量も増加するが，昼間時間およびピーク時間でありながら，夜間時間の適用を受けることができる

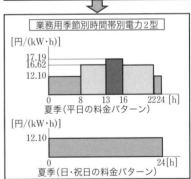

図解4　業務用季節別時間帯別電力2型への変更イメージ図

により，まずは，電力使用形態を因数分解する．これをもとに思考を深めることが，その施設に適した電力合理化対策の工夫を講じる緒（いとぐち）となるはずである．

(4) 業務用季節別時間帯別電力２型への変更…イメージ図【図解4】

業務用電力との違いは，まず基本料金がkW当たり1 638円に対し，1 953円となり高いことである．しかし電力量料金はピーク時間・昼間時間・夜間時間に3分割され，ピーク時間料金が若干高いが，夜間時間が安いのが特徴である．S水族館で効果を発揮する理由は図示のとおり，夜間時間の電力消費量のウェイトが高いためである．

(5) 業務用休日高負荷電力２型のイメージ図【図解5】

この契約は，負荷率の高い施設に適したメニューであり，年間を通して電力消費の大きい動物園に最適である．基本料金は，業務用季節別時間帯別電力２型と同様に，業務用電力より高いが，平日の電力量料金単価は業務用電力より

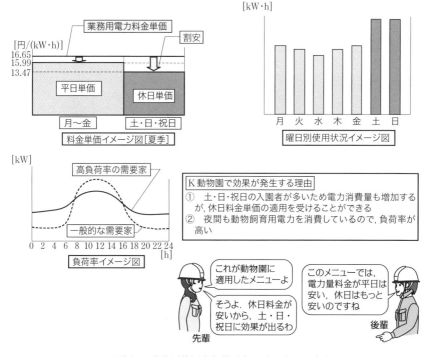

図解5　業務用休日高負荷電力２型のイメージ図

安く，土，日，祝日の休日単価も安い．**動物園で効果が発生する理由は図示のとおり，休日料金の適用度が高いことと，24時間動物飼育用の電力を消費しており，負荷率が高いことに起因する．**

6 考 察

電気設備の点検の際トラブルが発生したことから，気づいたことがらであり，このようなことがなかったら考えも及ばなかったと思う．災い転じて福となす事例かもしれない．**改善策が，日ごろの問題意識と偶然のトラブルにより，誘発されたものと考える．**

この事例のように，電力会社から提示されている契約メニューを活用することで，簡単にコスト削減が可能な場合もある．ただし，需要家が，アクションを起こさなければ改善されることはない．**自ら，行動エンジンの出力を高める必要がある．**

（現在，一部メニューの新規契約は休止されている模様です．ここでは考え方を参考にしてください．）

直感（インスピレーション）は，経験と推論の繰り返しで鍛えられるものよ

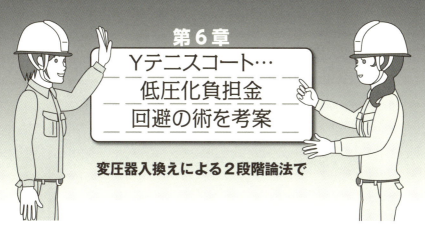

第6章
Yテニスコート…低圧化負担金回避の術を考案
変圧器入換えによる2段階論法で

　Yテニスコートは郊外にあり，テニスを楽しむことができるほか憩いの場でもある（**写真1**）．管理事務所（**写真2**）にキュービクルがあり，高圧受電ではあるが，なぜか容量が小さいため，これを低圧化するために工夫した手法について述べる．また，U事務所やK事務所での，低圧化のむずかしさの体験について記述する．

写真1　テニスコート

第6章 Yテニスコート…低圧化負担金回避の術を考案

（後輩）ここにも何か謎が隠されているのですか

（先輩）この施設の受変電設備に問題があったのよ

写真2 管理事務所

1 現状把握

なぜ，契約電力24 kWで自家用電気工作物なのか？［問題提起］（2008.9）

(1) 契約形態

　設立当初は，まだ50 kW未満は実量制ではなく，契約電力は変圧器容量によって決定されていた．

　$1\phi\ 10\ kV\cdot A$，$3\phi\ 20\ kV\cdot A$　（計30 kV・A）

　契約電力は，$30 \times 0.8 = 24\ kW$

(2) 過去の経緯

　50 kWに満たないのに，なぜ高圧引込み（自家用電気工作物）としたのか探ってみた．すると，約20年前，深井戸ポンプ（30 kW）を取り付ける計画があったが，実施されずに現在にいたっているという事実が判明した．

　電力会社の見解によると，当時，将来増が見込まれたため高圧引込みとした

が，50 kW未満なので，主任技術者の選任は不要としたという話であった（当時，50 kW未満の自家用電気工作物は，非自家用電気工作物と呼ばれ，主任技術者の選任は不要であった）．しかし，1995年，電気事業法の改正があり，50 kW未満も電気主任技術者選任が義務づけられた．すなわち，高圧受電のメリットがなくなったわけである．

2　コスト削減への対策

⑴　方　針

今後の負荷増の見込みがないのならば，高圧引込みを廃止し，低圧引込みとすることにより，基本料金・電力量料金ともに低減を図る．

⑵　問題点と課題

①　キュービクルは撤去しなければならないか？

電力会社と打合せの結果，キュービクルは撤去せず，電力会社PASと引込1号柱の切離しのみでよいことになった．

②　低圧引込工事が必要であるが，電力会社の供給力があるかどうかを確認する必要がある．

1φは近隣にあり，供給力に問題はない．3φは新たに布設する必要があり，負担金が必要となる．工事実施が決定され次第，早めに電力会社へ連絡することで了解を得た．

③　経済産業局への自家用電気工作物廃止届出が必要となる．

工事後速やかに届出を行うこととした．

3　工事方法の工夫

まず，引込1号柱に低圧引込盤（**写真3**）を取り付ける．PASは撤去せず，一次側で電力会社のケーブルと切り離す（**写真4**）．既設高圧ケーブル6 kV CVTを引き抜き，低圧線1φ・3φCVTケーブルを通す．1φ・3φケーブルを直接，キュービクル内低圧盤へ接続する（**写真5**）．

第6章 Yテニスコート…低圧化負担金回避の術を考案

写真3　低圧引込盤

写真4　PASの処理状況

写真5　キュービクル（外部・内部）

4　経済効果

　工事後1年間，比較検証した結果，第1図に示すとおり電力料金は下降し始め，契約を変更せず高圧のままであったと仮定した場合と比較すると，年間削減電力料金は74 100円となり，11.0 ％の削減となった．また，メンテナンス料金も不要となったため年間130 000円の減である．計204 100円の削減となった．工事費は約300 000円であったため，1.47年で投資額を回収できたことになる．

　しかし，自家用電気工作物の低圧化については，この事例はもともと低圧でよい施設であったため当然のごとく効果が出た．しかし次に述べるU事務所の事例をはじめ，低圧化を行うことによる電力コストダウンは，非常に困難である．

第6章　Yテニスコート…低圧化負担金回避の術を考案

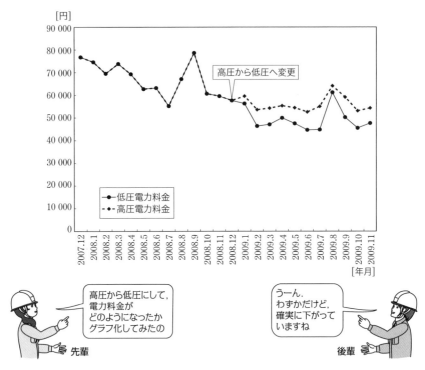

第1図　Yテニスコート　電力料金の推移

5　ほかの事例[U事務所]

(1)　現　状（2012.5）

第2図に示すとおり，過去データから最大電力を分析すると，数年前から50 kWを割り込み，近年では契約電力は34〜25 kWである．最大値も夏季を除くと10 kW以下の時期もある．

(2)　低圧化シミュレーション

① 　契約容量と基本料金

・1φ　従量電灯C　20 kV・A（100 A）

2010年度電流記録データより，年間最大デマンド値は90 Aである．余裕をとって100 Aとし，主開閉器により契約容量を定める．

年間基本料金は，273円×20 kV・A×12 ＝ 65 520円

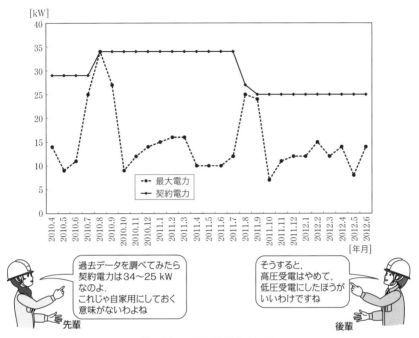

第2図　U事務所 電力の推移

- 3φ　低圧電力　21 kW（60 A）

　消費電力の総和を求めると，49.53 kW となる．需要率0.4と仮定し，契約電力を求める．

　基本料金は，1 071円×21 kW×12 ＝ 269 892円

② **使用電力量**

　2010年度使用電力量（37 941 kW・h）から，1φと3φの使用電力量を推定する．夏季は1φと3φの契約電力比（20：21）とし，その他季は1/2ずつとした．

　　　1φ　18 811 kW・h　526 959円
　　　3φ　19 130 kW・h　293 836円

③ **高圧時と低圧化後の電力料金比較**

　・低圧化後の電力料金予測　1 156 207円【A】
　・2010年度電力料金　1 190 090円【B】
　　　【A】－【B】＝▲33 889円【C】

- メンテナンス料金削減額　▲131 600円【E】
- 年間削減額

　　【C】＋【E】＝▲165 200円【F】
- 工事費＋負担金

　　536 200円【G】

　　【G】／【F】＝3.25年（投資額を回収）

効果検証すると，電力料金は，確実に月間5 000円〜6 000円低減しており，シミュレーションを大幅に上回る成果が出ている．なお，この一連の考え方を，エクセルで汎用化した．

(3) **低圧移行調査マニュアルの作成**

以上の調査をだれでもできるよう一般化するために，第3図の調査マニュア

```
1  契約種別（電気供給約款より）
      電灯…従量電灯C，動力…低圧電力
2  負荷の算定
      電灯   Tr(1φ)の過去1年間の最大電流値を基準とし，余裕をみて1ランク上
             位のアンペア数からkV・Aを決定する．
             （最大電流値記録から拾い出す）
      動力   現地調査を行い機器リストの作成を行う．
             機器の稼働状況を聞き取り，需要率を推定し決定する．
             （保安検査時の絶縁抵抗試験の名称を参考として，漏れなく拾う）
3  契約の決定
      従量電灯C　○○[kV・A]，低圧電力　○○[kW]
4  電力料金シミュレーション
      過年度の電力データをもとにして，3の契約に基づく低圧電力料金を算出する．
5  概算工事費の算出
6  費用対効果の検証
      ①  電力料金（低圧化シミュレーション）－ 過去1年間の電力料金 － メンテナ
         ンス料金
      ②  概算工事費 ＋ 負担金
         ②÷①  を算出する．
```

第3図　高圧〜低圧移行調査マニュアル

第1表 高圧～低圧移行現地調査チェックリスト

	調 査 事 項	判 定
1	現地付近の低圧線・柱上変圧器の設置状況を観察する (低圧供給力があるかの目安)	
2	電力会社引込柱の電柱番号を記録する	
3	電力会社へ現地の低圧供給力を確認する	
4	引込柱に電力量計ボックスは取付可能か	
5	引込柱～変電室までの距離測定 (低圧ケーブル長さ)	(　　　) m
6	引込柱～変電室までのハンドホールの数 (高圧ケーブル撤去・低圧ケーブル布設難易度の目安)	(　　　) 基
7	引込管のサイズを計測する (低圧ケーブル【1φ・3φ】が通線可能かどうかの判定)	(　　　) mm
8	変電室は開放型か閉鎖型か (改修の難易度の目安)	
9	動力機器容量をリストに漏れなく記入する (保安検査の絶縁抵抗試験の機器名称を参考とする)	
10	過去1年間の電力使用量を電気料金計算書から集計する	(　　　)kW・h
	＠ 現地調査にあたっては，要所を写真撮影する	

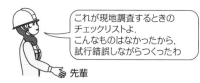

ルおよび**第1表**の調査チェックリストを作成したので，参考にされたい．

6 低圧化の課題

(1) 負担金の問題

　電力会社の約款によると，顧客の都合で使用形態を変える（減設する，すなわち，低圧化後の契約電力の総和が高圧設備総容量より低い）場合は，かかった費用の実費を徴収される．いわゆる負担金であるが，Yテニスコートの場合は，たまたま微々たるものであったが，U事務所の場合は市街地であるにも関わらず，約110 000円を要した．電力会社のその地点の供給力にもよるが，低圧化にあたっては，この負担金を念頭におかなければならない．電力会社との事前協議の際に，負担金について確認をとることが重要である．

(2) 低圧化のメリット

　自家用電気工作物でなくなることで，高圧のメンテナンスをする必要がなく

なり，高圧という危険物からも解放され，変電設備機器の劣化による更新費や維持管理費を削減することができる．

(3) 主開閉器契約のすすめ

低圧では，契約容量決定にあたって負荷を洗い出して，圧縮計算によって決定されるのが一般的であるが，この方法で計算すると，ほとんどの施設は契約容量が大となる．

別な方法として，需要家自ら開閉器容量を設定し，電力会社に申し込む主開閉器契約がある．この際，電力会社はいっさい負荷について関知しないため，需要家の責任で適正な容量を設定することができる．

ここで役立つのが，日常巡視点検時，電灯用変圧器と動力用変圧器の負荷状況を把握しておくことである．当事務所の場合は，月ごとの電流最大値を記録していたので，その値を参考に，また施設の機器使用状態の聞き取りにより決定した．高圧施設の低圧化には，主開閉器契約をお勧めする．

7 負担金回避の術[K事務所の例]

(1) 計 画 (2012.10)

現状の変圧器は，$1\phi20$ kV・A，$3\phi30$ kV・Aである．これを低圧化して，従量電灯C 15 kV・A，低圧電力21 kWとすることにより，年間の電力料金削減額は約45 000円である．現状の変圧器総容量は50 kV・Aであり，低圧化後の契約総計は36 kWで減設となるため，電力会社の負担金の計算では360 000円が，工事費427 000円に加わることになり，コストメリットが出ない．

(2) 負担金回避の方策

ここで，考えたのが高圧から低圧に一気に下げるのではなく，いったん，変圧器容量を現在の負荷に応じた適正容量に下げることである．まず$1\phi10$ kV・A，$3\phi20$ kV・Aとし，総容量を30 kV・Aとする．その後に低圧化すれば，低圧契約の計は36 kWであるので，増設（低圧化後の契約電力の総和が，変圧器総容量より大きい）となり負担金は不要となる．コスト的にも，入れ換える小容量の変圧器は，負担金に比べると格段に安価である．現実に2012.12に

— 80 —

2段階目の工事を終え，目的を達成した．

8 総 括

⑴ ケーブル入換えイメージ図【図解1】

　図解1のとおり，既設高圧配管を再利用する．高圧ケーブルを切断し引き抜き，その管を利用して低圧ケーブルを挿入する．新たな低圧配管を布設するより工事費は格段に安くなる．

　PASもキュービクルも撤去せず残すことにより，たとえばこの施設が再度高圧になった場合にも対応可能である．また，現在は産業廃棄物として，その処分費も高くなっているが，その費用が不要となる．

⑵ 高圧〜低圧移行によるコスト削減手法イメージ【図解2】

　コスト削減の3要素として，①電力料金（低圧化シミュレーション），②低圧化工事費の算出，③メンテナンス費の算出がある．工事費は，低減の工夫を行う．メンテナンスが不要になることにより，高圧ゆえのリスクを回避できる．

⑶ 高圧〜低圧移行に伴う負担金（2段階論法により負担金を回避）【図解3】

　従来の考え（左図）では，「①高圧」から直接「②低圧」に変えることを考えていたが，低圧化後のコストメリットを出すために，低圧の契約容量を下げると，ほとんどの場合，負担金が生じるのが実態である．そこで，右図のように新たな工夫（戦略）として，「①高圧」と「③低圧」の間に，「②変圧器入換工事」を介在させ，負担金のかからない方式とした．入れ換えた変圧器は，低圧化工事を終えれば不要となるため，撤去して関連施設の次の低圧化工事に再利用するという「使い回し変圧器」とし，コストダウンを図る．ここで，「③低圧」を決めてから「②変圧器容量」を決定するプロセスは，ものごとを「逆に考える」ことを意味する，いわば逆発想である．また，「負担金を変圧器入換えで置き換える．」といってもいい．

⑷ 負担金回避の具体例（K事務所）【図解4】

　図解3に具体的数値を入れて解説したのが，図解4である．

— 81 —

第6章 Yテニスコート…低圧化負担金回避の術を考案

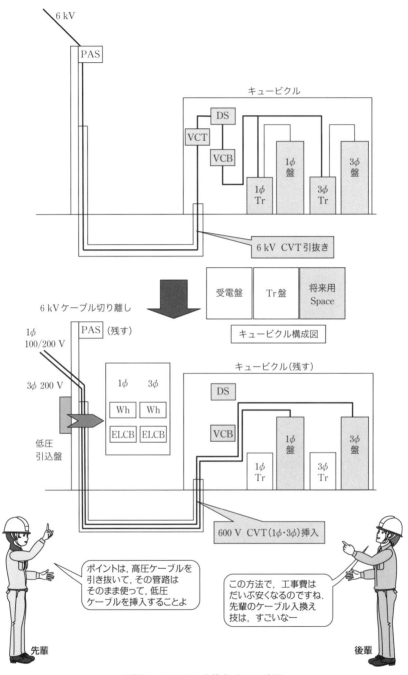

図解1 ケーブル入換えイメージ図

― 82 ―

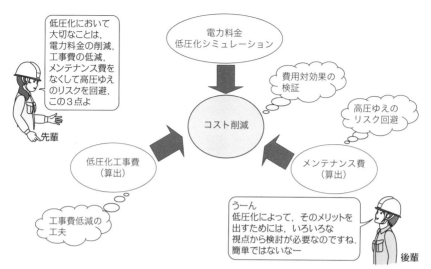

図解2　高圧～低圧移行によるコスト削減手法イメージ図

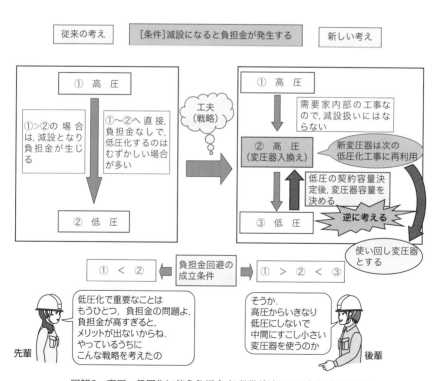

図解3　高圧～低圧化に伴う負担金（2段階論法により負担金を回避）

第6章 Yテニスコート…低圧化負担金回避の術を考案

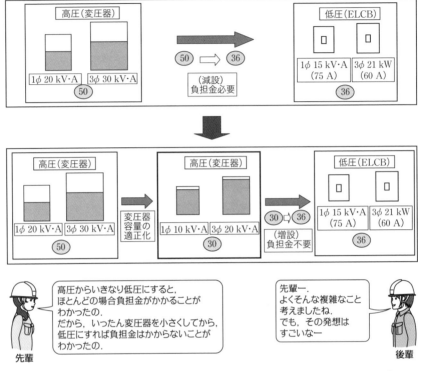

図解4　負担金回避の具体例（K事務所）【上段-従来の考え・下段-新しい考え】

9　考　察

　高圧で契約電力30 kW前後の施設は，簡単に低圧化できると信じていた．しかしながら，この問題を深く掘り下げていくと，実に奥深いテーマであることを痛感した．一つには，低圧電力の基本料金が高圧の62 %であり，動力を多く使用する施設にはなかなか効果が出にくいことである．2点目は，従量電灯Cの電力量料金が高圧の約1.8倍あるため，低圧化しても電力料金は一概には下がらない．使用電力量が1ϕと3ϕでバランスのとれた場合に，低圧化のメリットが出る料金体系となっている．3点目は，減設という側面から，電力会社から低圧化工事に要する負担金を請求されることである．

　そもそもよく考えてみると，低圧化の対象となるということは，変圧器の需

要率が低いということである．電力会社の約款で低圧化する場合の基準となるものは，契約受電設備の総容量であるということは，低圧化で一気に契約を下げると，必然的に減設となり，負担金が生じることは自明の理である．

　変圧器入換え理論は，この打開策として苦しみのなかから編み出したアイデアであり，変説あるいは変節といわれるかもしれない．しかし，筆者は契約約款を咀嚼しながら解釈し，考案した明確な論理に裏打ちされたものと考える．なぜなら，契約電力が実量制に移行したため，負荷が大幅に減少しているにも関わらず，変圧器容量を見直すことなく，過大な変圧器をそのまま放置していた需要家に落ち度があったのであり，これを適正容量に正すことは，無負荷損の低減にもつながり，何の誹りも受ける理由はないからである．たまたま，低圧化実施にあたって，そのことに気づいただけのことである．

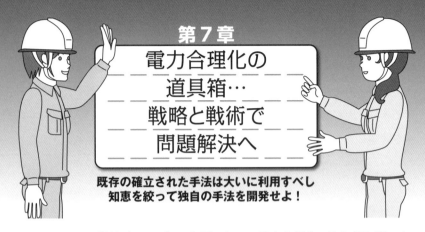

ものづくりには道具（ツール）が必要である．電力合理化に取り組む際にも，思考の手段となる道具が必要であり，私はこれを**電力合理化の道具箱（ツールボックス）**と名づけている．道具には既存の確立された論理的思考（ロジカルシンキング）があり，これらは問題解決の一般的手法である．

一方では自らオリジナル手法を考案し，試行してみることも大切である．アイデアの具現化に向けて，筆者独自でひねり出した手法も紹介する．

1　戦略と戦術

まず何が問題となっているのかを捉えるところから始まる．調査・分析・思考作業により大きな戦略を立てる．そこから，具体的な方法論である細かい戦術を練る．敵（問題点）を攻略するには，この手法が一般的である．この戦略・戦術を練るときに役立つのが各種の道具である．道具の理論は学ぶだけでは役立たない．現実の問題に対して，この場合は電力合理化という目標をその手法に落とし込んで活用し，試行錯誤を重ねながら究極の理論に到達することが目的である．

2　オリジナルな道具箱【筆者考案】

以下の独自の手法は，最初はじっくり考えたものではなく，ふっと浮かんだアイデアをメモすることから出発したものである．頭に浮かんだアイデアはメ

モしておかないと忘れてしまうのが常である．ひらめいたアイデアは記憶である．メモをとることは記録であり紛失しないかぎり残る．このメモの集積から，さらに思考を重ねていくうちに考えが体系化され，一つの理論として確立されてくる．この繰返しにより修正をかけていくうちに，オリジナルな道具箱は徐々に洗練されていく．

(1) アイデア具現化のプロセス概念図【図解1】

アイデアを具現化するための根源として，問題意識（モチベーション）が高まっていなければならない．ここから浮かんだアイデアは，まず机上で分析してみる．並行して現場調査を行い分析する．この机上分析と現場調査分析の融合により，アイデアは具現化され問題は解決される（①）．しかしものごとは一筋縄では解決されず，対策を施した後もそのことによる新たな問題が発生することが多い．そこで，②見直しサイクルへ入り，また原点に戻り，③机上分析または④現場調査分析を重ね，再び問題解決へと導く．このプロセスは何度も繰り返す場合もある．繰り返すうちにアイデア具現化の精度は高くなっていく．

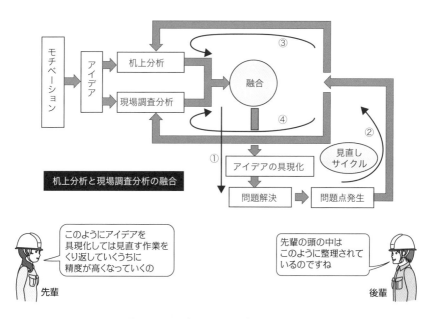

図解1　アイデア具現化のプロセス概念図

(2) 電力の因数分解イメージ図【図解2】

　データを分析していくと，電力の大きな塊がその用途により小さな電力に分解できることがわかる．そのなかに，法則性が見つかる場合もある．4章のS公園や5章のS水族館のなかでも述べたが，プールの電力を分解すると，図解2のようになる．年間で捉えるとベース電力と，7・8月営業中のピーク電力に分解できる．これを，プール営業中24時間スパンで考えると，プールろ過器によるベース電力と営業時間中のプール機器によるピーク電力に分解される．因数分解により分けられた①ベース電力と②ピーク電力を念頭におきながら，ピークカット対策に取り組むことが可能となる．第10章 Bプールでこの応用を試みる．このように**因数分解により，バラバラになっている事象を整然とする**ことが可能となる．

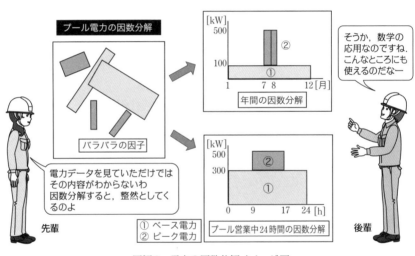

図解2　電力の因数分解イメージ図

(3) 負荷の分解・展開サイクル【図解3】

　数学の因数分解をビジネスに応用することを試みた．分解はある共通の事象でくくることであり，展開は一度まとめたものをいったんバラバラにしてみることである．すでにくくられた事象も，時代の変化や新たな出来事でくくり直すことも必要となる．

　一度分解した問題点を展開するということは，全体像をみて考え，問題因子

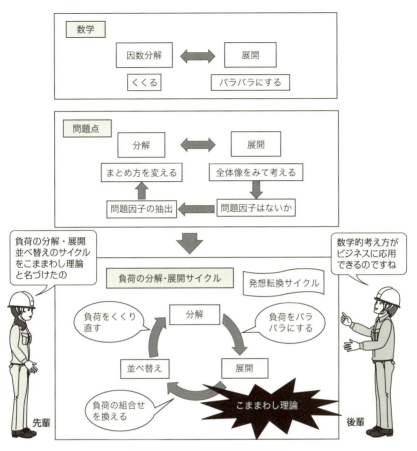

図解3　負荷の分解・展開サイクル

はないか再検討し，その因子を抽出することである．そしてまとめ方を変化させる．具体的には，まず負荷をバラバラに展開する．次に負荷の組合せを換えることにより並べ替えを行い，負荷のくくり直しを行う．これを筆者は「こままわし理論」と命名し，第11章のCプールで理論展開する．

(4) 電力合理化スパイラル成長理論【図解4】

　景気低迷の折，何か改善したくとも予算がないからできないという人が多い．しかし，予算がなくとも工夫をすれば改善できるのである．つまり発想の転換である．予算はあくまでも推定して作成したものであるから，一部ほかの用途

第7章 電力合理化の道具箱…戦略と戦術で問題解決へ

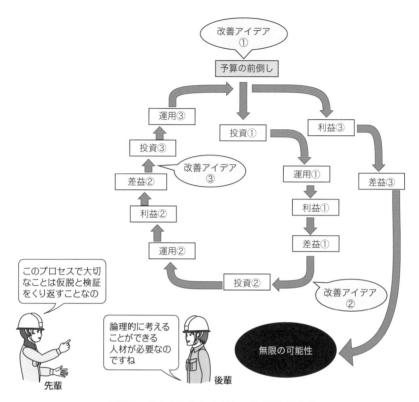

図解4　電力合理化スパイラル成長理論概念図

に先行投資することも考えてよい．本理論の概念図を**図解4**に示す．

① まず，改善のアイデアを出すことから始まる．（改善アイデア①）

② 当初予算の前倒しにより，電力合理化改善工事に投資する．（投資①）

③ コスト意識をもって運用する．（運用①）

④ その運用により利益を生み出す（利益①）

つまり，電力合理化（電力コスト削減）により（差益①）が発生する．

　　　差益① ＝ 利益① － 投資①　　利益① ＞ 投資①

上記条件を満たせば，前倒し予算を回収することができる．（回収の見込みはシミュレーションにより予測を立てる．）次に，その差益①を改善アイデア②に基づいて投資②を行い，運用②により，利益②，差益②を発生させる．この法則に基づけば，スパイラル状に無限の利益を生み出す可能性を秘めている．

そのプロセスにおいて重要なことは,「仮説と検証を繰り返す」ことである.

デフレスパイラルは,このカーブが原資よりマイナス方向（図の中央部）に収斂（しゅうれん）するが,電力合理化スパイラルは,原資を通り越して（図の外部）へと拡大成長する.すなわち,スパイラル状に金を生み出すことが可能である.

ここで大切なことは,改善アイデアを次々に出すことができ,論理的に考える能力のある人財（単なる人材ではない）が存在するかどうかにかかっている.そしてそのアイデアを高度な質とスピードをもって,具体的に行動できるかどうかである.

3　既存の道具箱の加工・応用

(1)　電力合理化MECE分析［ロジックツリー］【図解5】

プールの電力コスト削減への思考プロセスをMECEにより,ロジックツリーで表現したのが図解5である.MECE【Mutually Exclusive Collectively

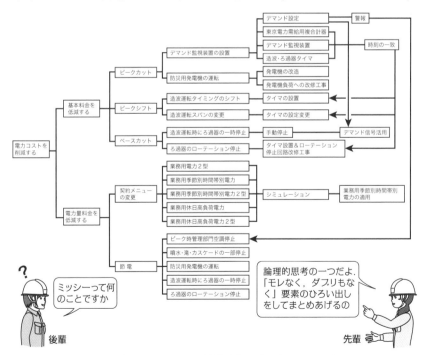

図解5　プールの電力コスト削減系統図（ロジックツリー）

第7章 電力合理化の道具箱…戦略と戦術で問題解決へ

Exhaustive】（ミッシー）とは，「互いに重ならず，すべてを網羅する」すなわち「モレもダブリもない状態」を指す概念である．電力コストを削減するという大きな目標を，第2，第3，第4階層へと要素分解（ブレイクダウン）していく．第3階層のキーワードであるピークカットなどがアイデアの段階であり，第4，第5階層が具体的な方法論，すなわちアイデア具現化の段階であり，ピーク時運転マニュアル作成のレベルである．私の考えでは，この下位の段階では，図示のとおり，キーワードに相互の関連性が生まれ，そのメカニズムが明瞭になってくるように思われる．この図解は，電力コスト削減計画の根幹をなすものである．

(2) 電力合理化PDCAサイクル 【図解6】

企画の実施にあたっては，**図解6**の電力合理化サイクルに基づいて，成果イメージを描きながら臨んだ．まず情報収集を行い，そのデータを加工し，自己のアイデアを加味して計画を立てる．そしてその計画を具体化し，経営目標を視野に入れながらタイムリーに試行する．実施の次はそのデータを分析し，費用対効果，CE（顧客期待値），CS（顧客満足度）において問題はないかなどを検証する．この検証から得られたデータを改善活動に生かすために，修正す

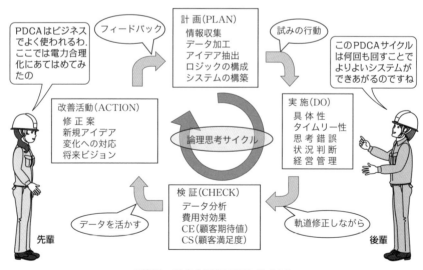

図解6　電力合理化PDCAサイクル

べき点，新規のアイデアを加味して将来ビジョンを描く．そして計画へフィードバックする．

このサイクル【PLAN→DO→CHECK→ACTION】は，理論構成しながら行うので，**論理思考サイクル**[Logical Thinking Cycle]といってよい．そしてこのサイクルは，何回でも回すことにより，限りないベストシステムを構築することが可能である．

(3) 電力合理化特性要因図【図解7】

特性要因図は別名，魚の骨[Fish Bone]とも呼ばれる．魚の頭に，電力コスト削減という目標を掲げ，大骨に4M，すなわちMan（人），Material（もの），Machine（設備），Method（方法），それに環境（Environment）を加えた5本を描き，それぞれに小骨に相当する内容を記入する．これらの小骨は現地でのブレーンストーミングや聞き取り，それに自らの考えを盛り込んでまとめてい

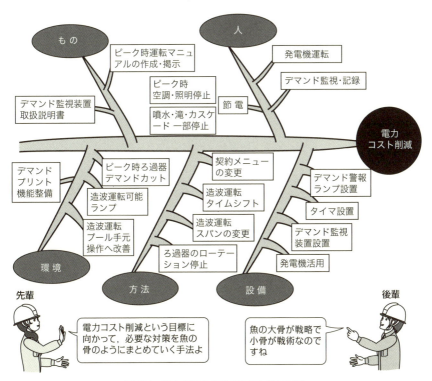

図解7　電力合理化特性要因図（魚の骨）

く．大骨を戦略とすると，小骨は具体的な戦術である．

(4) 電力コスト削減のセグメンテーション【図解8】

上記の考え方を四つのセグメント[Segment]で表現すると，**図解8**のように分割できる．セグメントとは区分という意味である．

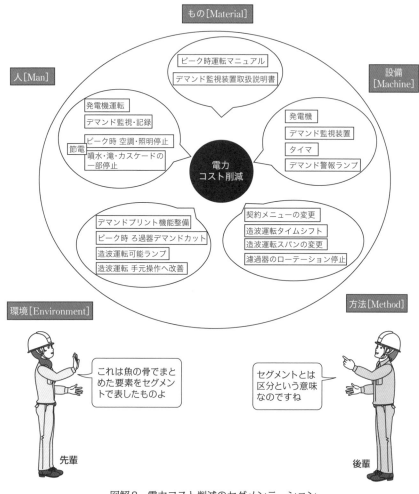

図解8　電力コスト削減のセグメンテーション

(5) ポジショニングマップ分析（K公園設備の費用対効果）【図解9】

ポジショニングマップとは，たとえば各設備の稼働の効果がどのようになっ

ているか，2軸で整理してその位置づけを表すものである．具体的に1章で紹介したK公園を例にあげる．横軸にCOST，縦軸にCS（顧客満足度）をとると，星空のコンサートのイベント大噴水は，COSTもかかるがCSは大いに高い．通常の大噴水はCSは高いが，COSTはイベント時ほどではない．ここで，イベント時に防災用発電機を活用することにより，イベント時のCOSTレベルを通常レベルにシフトすることができる．

(6) プールのマインドマップ【図解10】

　プールの電力合理化実践にあたっては，入場者（お客様）の心理も把握しておかなければならない．図解10に示すとおり，プール経営の最大のテーマである「入場者倍増」を中心にまず10本ほどの鍵となるキーワードの枝をつくり，そこから図のように放射線状に言葉をつなげていく．特に今回の電力合理化では，このなかのCS（顧客満足度）を極力低下させないよう工夫を重ねた．

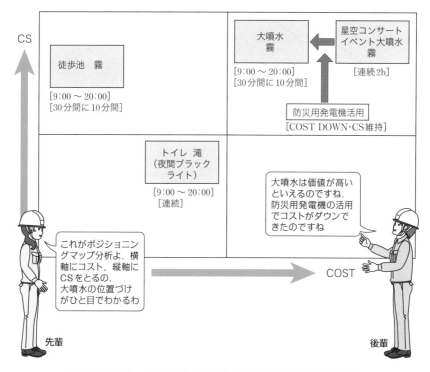

図解9　ポジショニングマップ分析　[K公園設備の費用対効果]

第7章 電力合理化の道具箱…戦略と戦術で問題解決へ

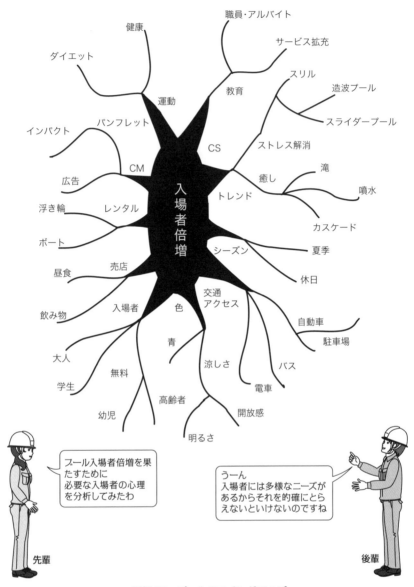

図解10 プールのマインドマップ

4 総 括

　以上述べた道具を使って問題解決に取り組んできたが，**道具箱のなかには，その他まだまだ各種の手法が存在する**．現場に適応した手法を，箱の引出しから取り出して，活用し模索する．さらに，自ら編み出した理論を付加しながら，目標達成に向けて粘り強く思考を継続することが大切である．

　また，同じものごと考える際も，考える角度をあれこれ変えることによって，いくらでも別様の考えを導きだすことができる．角度を変えるということは，切り口を変えたり，視点を変えたり，組合せを考えたりすることであり，好奇心と問題意識をもって，現実を見つめ直すと，おかしいこと，なぜと思うことはあちこちに散在しているはずである．知恵と工夫でオリジナルな手法がみいだせるようになればしめたものである．**自分なりの手法（物差し）をもつこと**は，大きな武器となる．

データと現場は車の両輪よ．まず大きなフレームを組んで，それを分類することによって問題は具体化され，解決へと向かうのよ．

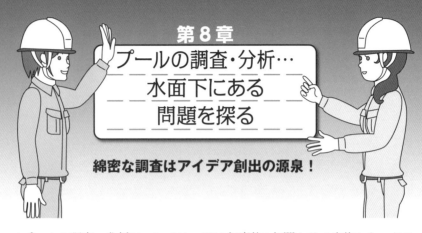

第8章 プールの調査・分析…水面下にある問題を探る

綿密な調査はアイデア創出の源泉！

　4プールの調査，分析については，2010年度約1年間かけて実施した．どのようなプロセスをとったかについて以下に紹介する．なお，プールにおいては，2010年度まで，夏季にプール営業・冬季にスケート営業を行っていたが，スケート人口の極端な減少により，2011年度から冬季の営業は廃止した．したがって，電力コスト削減を実施した2011年度からは，当然のことながら目標を夏季のプール営業に絞って取り組んだ．ここでは調査，分析から得た事実をもとにした，電力コスト削減の考え方にも触れる．

1　机上でのデータ収集（各プールの電力使用状況調査）

　まず現状の電力使用状況を把握するために，過去2年間（2008年度・2009年度）の電気料金計算書を取り寄せた．データ収集にあたっては，フォーマットを作成し，各月の契約電力，最大電力，使用電力量，力率，請求金額，入場者について調査した．得られたデータをもとに，まず基本料金に関係する契約電力に主眼をおいた．

(1)　最大電力の推移

　各月の最大電力をグラフ化すると，**第1図**のとおり当然のことながら，4プールいずれも，夏季と冬季に大きなピークがあることがわかる．7月～9月（プール時期）に約500 kW，Dプールを除いて，11月～3月（スケート時期）に300 kW～600 kWのピークが出ている．Dプールに冬季のピークがないのは，この

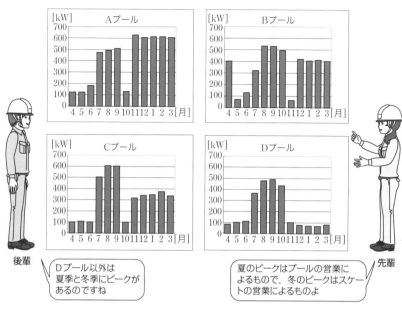

第1図　最大電力の推移［2009年度DATA分析］

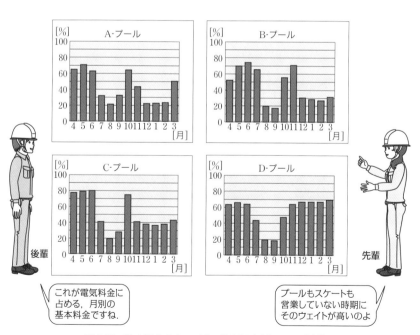

第2図　基本料金のウェイト［2009年度DATA分析］

― 99 ―

第8章　プールの調査・分析…水面下にある問題を探る

施設のみスケート施設がないためである．すなわち，2011年度からスケート営業を廃止したため，4プールすべてDプールに近い負荷パターンになることが予想される．

(2) 基本料金のウェイト

第2図から各プールとも，プール・スケート未使用時（約6か月）は基本料金が電気料金の50％〜80％を占めており，その損失は非常に大きいことがわかる．

2　現場でのデータ収集

(1) 電気設備機器調査と運転パターンの聞き取り

【苦労したのは，消えかかった銘板！】

各機器の定格出力，定格電圧，定格電流，製造者，製造年の調査および運転パターンの聞き取りを行い一覧表とした．建設されてから歳月が経過しており，系統立った図面が見つからない．正確に把握するためには，時間を要するが現場での地道な調査しか方法がない．風雨にさらされ消えかかった電動機の銘板をこすりながら，刻印された文字の片鱗をあぶり出していく．すべての情報が手に入らなくても，メーカ名と型番だけでも追跡調査は可能である．この現場調査は1プール当たり終日を要し，文字どおり砂まみれ，汗混じりの調査であったが，後の貴重なデータベースとなり，工夫を行う際のあらゆる思考に役立ったのである．

(2) トランスモニタによる日負荷状況調査

各プールに1週間ずつ，トランスモニタを設置し計測を行った．その結果（第3図）から，4プールともベース負荷が約300 kWあり，ピーク負荷は約200 kWであることがわかった．ベース負荷は24時間稼働している各プールろ過器であり，ピーク負荷は各種プール機器（先端部は造波プール機器）である．

(3) デマンド監視状況調査

各プールには，なんらかの形でデマンド監視装置が設置されていた．しかし，旧式で機能していなかったのがほとんどで，ピークカットに取り組んでい

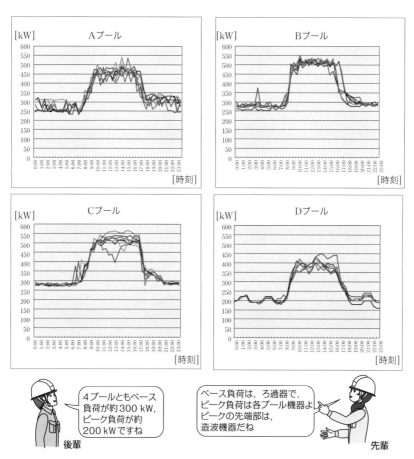

第3図　トランスモニタ計測結果［2010年夏季］

たのは，Bプールのみであった．A・Bプールには，過去のデータプリントが保存されており，電力使用状況の解析に役立った．C・Dプールについては，装置はあるが機能していなかった．

(4) 変電設備エリア図・設備システム図の作成

各プールとも，3〜4の変電所を所有しており，各変電所の供給エリア図を作成した．また，各プールの設備システムは，おおむね，**第4図**の構成となっている．

第8章 プールの調査・分析…水面下にある問題を探る

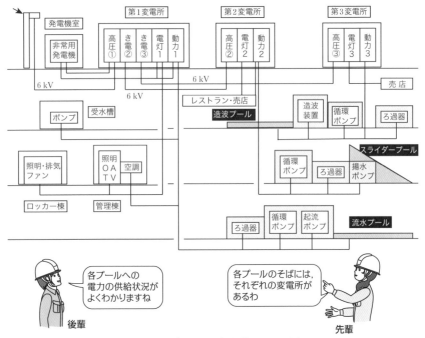

第4図 プールの電気設備システム図

(5) 各プールの特性

調査の詳細は割愛するが，結果は以下のとおりである．

① ベース負荷

Ⓐ造波プール，Ⓑ流水プール，Ⓒスライダープール，Ⓓ多目的プール，Ⓔ幼児プールのろ過器が主体である．

② ピーク負荷

Ⓐ造波プール（**写真1**），Ⓑ流水プール，Ⓒスライダープール，Ⓓカスケード・滝，Ⓔ景観噴水の各機器およびⒻ管理棟・レストラン・売店などの空調負荷であるが，このなかでピーク時に大きく影響するのは造波機器（**写真2**）である．

③ 造波プールの運転状況

造波機器の容量，運転パターン，運転方式を**第1表**に示す．機器容量が大きく，間欠的稼働であり，ピーク電力に大きくかかわるため入念な聞き取りを行った．造波プールの運転方法が各プールでさまざまであり，攻略のポイントであ

写真1　造波プール

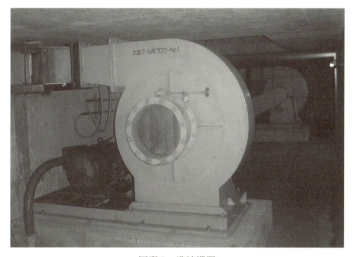

写真2　造波機器

るとともに，後のピーク時運転マニュアルの作成に大いに役立った．

④　流水プールの運転状況

　流水プールは混雑時，流速が早いと危険である．第2表に示すように，現にBプールでは起流ポンプが9台あるが，平常時は5台，ピーク時は3台と調整

— 103 —

第8章 プールの調査・分析…水面下にある問題を探る

第1表 造波プール運転状況

	造波機器容量〔kW〕	運転パターン	運転方式
Aプール	37×2＝74	1日7回 運転 1回当たり10分間運転（10:00～17:10）	手動運転
Bプール	37	10分ごとに運転（8:50～17:30）	タイマ運転
Cプール	大　波　37×2＝74 さざ波　30×2＝60 計134	1日7回 運転 1回当たり10分間運転（10:00～17:10） 大波とさざ波の同時運転はほとんどないが，日祭日・夏休みには，同時運転あり．（13:00～14:10）	手動運転
Dプール	さざなみ(A)15×3＝45 さざなみ(B)30×3＝90 計135	さざなみ(A)を15分間運転後， さざなみ(B)を15分間運転， その後30分両方停止．このパターンの繰り返し．	タイマ運転

第2表 流水プール起流ポンプのピーク時適正容量についての検討

	プール面積〔m²〕	面積比②	起流ポンプ容量〔kW〕	平常時〔kW〕	ピーク時〔kW〕	①×②〔kW〕	ピーク時適正容量〔kW〕
Aプール	3 000	0.67	15×5＝75	15×2＝30	15×3＝45	30.15	15×2＝30
Bプール	4 464	1	15×9＝135	15×5＝75	15×3＝45 ①	45	15×3＝45
Cプール	3 000	0.67	15×6＝90	15×3＝45	15×3＝45	30.15	15×2＝30
Dプール	1 144	0.26	11×3＝33	11×2＝22	11×2＝22	11.7	11×2＝22

（注）適正かつ問題なく運転管理されている（Bプール）を基準モデルとして検討した．

運転を実施している．この綿密な管理がなされているBプールをモデルとし，ほかのプールのピーク時適正運転容量をプール面積比から算出した．

3　机上分析と現場調査分析の融合

　以上，机上で収集したデータの分析および現場調査から得られたデータ分析の融合により，プール機器の全容を捉えることができた．ベース負荷とピーク負荷を合わせた主要プールの運転設備容量の把握は，デマンド監視装置の固定

負荷設定に大きく役立った．

4 デマンド監視装置

(1) 動作原理

契約電力は30分デマンドの最大値で決定される．この30分間で，予測デマンド設定値を上回らないようにしなければならない．一方，**第5図**のように30分間のなかで一時的にピークが出ても，最終的に目標値以内に抑えればよいことになる．**大切なポイントは，デマンド監視装置の時刻を電力会社の電力需給用複合計器の時刻を合致させることである．**この時刻合わせを正確に行わないと，正しいデマンド監視が行えず，目標契約電力値をオーバーする場合がある．

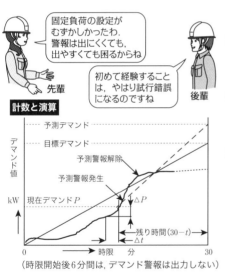

(1) **残り時間**
・29分59秒からスタートし，00分00秒まで1秒ごとに減算し，再び29分59秒に戻る．
・デマンド時限は，29分59秒から次の29分59秒までの30分となる．

(2) **現在デマンド**
・現在デマンドは0からスタートし，電力会社の電力需給用複合計器からのパルスが到来するごとにこれを計数し表示する．
・30分の時限終了時に0にリセットされる．

(3) **予測デマンド**
・次の演算式で10秒ごとに演算する．

$$P + \frac{\triangle P}{\triangle t} \times (30 - t)$$

P ：現在デマンド
$\triangle t$ ：パルス積算時間
$\triangle P$ ：$\triangle t$分間のデマンドの増分
t ：デマンド時限の経過時間

[4プールの1年目の設定]　　　　単位[kW]

	予測デマンド値	目標デマンド値	固定負荷設定値
Aプール	460	440	330
Bプール	490	480	360
Cプール	530	500	400
Dプール	460	440	350

[設定の目安]
・目標デマンド値は，予測デマンド値(契約電力値)の90％〜95％に設定する．
・固定負荷設定値は，目標デマンド値の約80％に設定するが，負荷の稼働実態に応じて前後させる．
＠・上記の設定値は，施設の実態に合わせて変更可とする．
・警報が頻繁に鳴る場合は，協議の上，固定負荷設定値を上げる．

第5図　デマンド監視装置の動作原理

第8章　プールの調査・分析…水面下にある問題を探る

(2) デマンド設定の考え方

4プールについて，予測デマンド値，目標デマンド値，固定負荷設定値を1年目は第5図のように設定した．目標デマンド値は予測デマンド値（契約電力値）よりやや低い90％から95％に設定した．固定負荷値は警報の出方を左右するものであり，大きくすれば警報は出にくくなるが，30分デマンドの最終時刻付近での管理がむずかしい．一方，固定負荷値を低くすると，警報が出やすくこれまた管理がしづらい．妥当な値として目標デマンド値の約80％に設定した．固定負荷値の設定にあたっては，現地調査から収集したベース・ピーク負荷容量を参考とした．この設定は初めての経験であったので，あくまでも仮の値であり，警報の出方いかんによっては柔軟に変更していこうと考えた．

5　電力コスト削減フローチャート(方針)

電力料金削減のためには，第6図のように基本料金の低減と電力量料金低減

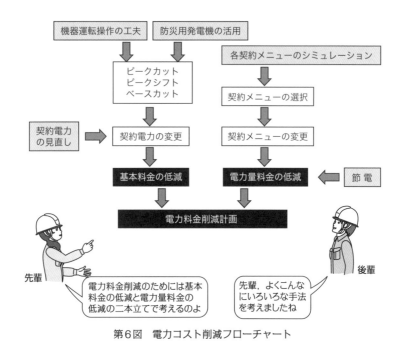

第6図　電力コスト削減フローチャート

の二本立てで考える．基本料金を低減するために契約電力の変更を，電力量料金の低減のためには契約メニューの変更を行う．契約電力の変更は具体的には，機器の運転操作の工夫や防災用発電機の活用によるピークカット，ピークシフト，ベースカットが考えられる．またいままでの無駄な契約電力の見直しを行うことも必要である．一方，各契約メニューのシミュレーションを行い，最適なメニューの選択を行うことにより，契約を変更する．

6 総 括

(1) ピークカットと契約電力の変化イメージ図【図解1】

一般公園には，大きなピークはなく年間を通じて電力需要はほぼ一定である．これを**平均需要因子①**とする．プールではベースとなる平均需要因子①は小さいが，7，8月のプール営業時に大きなピークが生じる．これを**ピーク需要因**

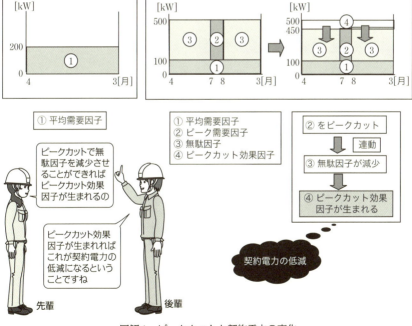

図解1 ピークカットと契約電力の変化

第8章 プールの調査・分析…水面下にある問題を探る

子②とする．2か月のピーク需要因子のために年間を通じて高い基本料金は支払わなければならない．すなわち②の周辺に架空の無駄因子が存在することになる．この**無駄因子③**を極力減少させるために②をピークカットする．すると電力ピーク上部に年間を通じて，**ピークカット効果因子④**が生じる．すなわち④が契約電力の低減につながる．

(2) プールのコストマネジメント【図解2】

　プールの電力合理化を戦略的に捉える．図解2のように横軸に電力コスト削減度，縦軸に戦略魅力度（成長性）をとると，問題は四つのセグメントに分割できる．旧式のデマンド装置は負け犬で退場させる．顧客に魅力はあるがコストのかかる造波プール機器はいわゆる問題児であり，これをなんとかするために，防災用発電機を問題解決の花形として活用する．新しいデマンド監視装置によるタイムシフトを金のなる木に位置づける．

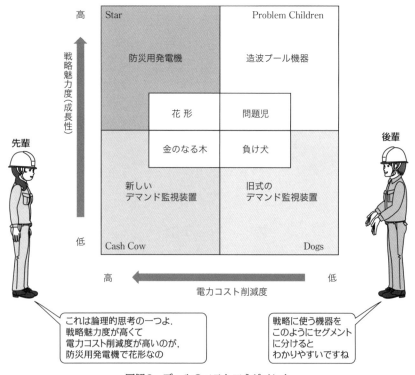

図解2　プールのコストマネジメント

7 考　察

　以上の調査・分析を踏まえ，思考を重ねて多様な対策を考案した．その改善の手法として，①不要なものは「やめる」②やめられなければ「減らす」③減らせなければ「かえる」ことを考えた．この③の「かえる」には実に多様な「かえる」が存在する．たとえば，時代の変化に応じて考えを「変える」，電源の供給方法を商用電源から発電機に「代える」，単一思考ではなく視点・視座を「換える」，複数あるものの組合せを「替える」，考えあぐねたときに原点に「返る」など実にさまざまである．

　ここで，いまは亡き恩師の言葉を引用する．「世の中に批評家は実に多いが，失敗するかもしれないこと，または砂をかぶりそうなことを進んで実行しようとする人はきわめて少ないようだ．後から悪口を言ったり，他人の失敗を喜ぶ人が多く，それに負けずに実行した者だけが幸運をつかむことができる．」

第9章 Aプール…"からくり電力"を生みだす技

デマンド&タイム管理システムの構築で実現!

　1960年代初頭「海なし県に海を」と，県民が水に親しむことのできる施設として誕生したプールである（写真1）．プール面積は，7 haあり，これは，東京ドームの1.5倍に相当する．この歴史あるプールに，斬新なアイデアで電力合理化に取り組んだ事例を紹介する．

写真1　造波プール全景

1　現状の問題点

① 第1変電所にデマンド監視装置（写真2）があり，警報ランプは点灯するが，警報ブザーが存在しない．

② データプリントが出力されているのに，委託管理員が保管しているのみで

写真2　デマンド監視装置

あり，活用されていない．したがって，電力ピークカット対策は何も行われてない．

2 からくり電力創出の原理

契約電力は，30分間の最大電力で決定される．したがって，デマンド監視装置の時刻を，電力会社の電力需給用複合計器に合わせることが前提条件となる．

S公園（第4章）でも紹介した，からくり電力の創出原理を，具体的に例をあげて説明する．たとえば，60 kWの機器を30分間に10分間運転する場合，**図解1**に示すように30分間で均すと20 kWとなる．これをデマンド時間（30分）の境界をまたいで5分ずつ運転すると，30分間の最大電力は10 kWとなる．すなわち，同じ電力を消費しながら最大値が10 kWの減となる．**筆者は，この原理で創出される削減電力を「からくり電力」と命名した．**

3 造波プールの運転タイムシフト

当プールでは**第1図**のように，造波プールの造波機器（74 kW）を12時を除き，10時から17時まで，1時間に10分間，手動で運転していた．ここで機器

第9章 Ａプール…"からくり電力"を生みだす技

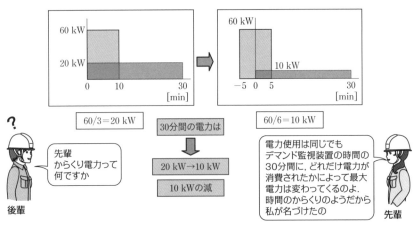

図解1　からくり電力創出の原理

の運転を上記の考え方により，デマンド基準時刻をまたいで2分割することを考案した．従来方式の30分間（デマンド単位）に10分の運転が，新方式では30分間に5分の運転となり，ピークは従来の24.6 kWから12.3 kWとなり，差引き12.3 kWのピークカットが可能である．これが筆者が考案した具体的な【からくり電力（時間のからくり）】である．

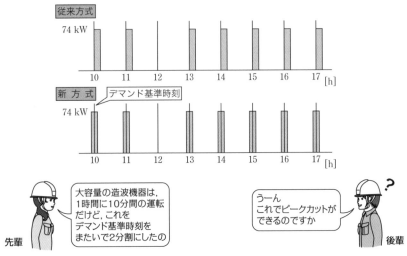

第1図　Ａプール 造波プール運転サイクル

4 デマンド&タイム管理システムの構築

《システムのキーワードは時刻！　タイマの精度は秒単位まで》

　からくり電力を生み出すためには，第2図のとおり，①電力会社の電力需給用複合計器（季節別時間帯別計量器を含む），②デマンド監視装置，③タイマ（造波プール制御・ろ過装置制御）の時刻が一致していなければ，完全に成立しない．そこで，まず複合計器の時刻を調査したところ，数分の誤差があったため，管轄の電力会社へ調整を依頼した．デマンド監視装置およびタイマについては，自ら調整し，上記の3機器の時刻を一致させて，デマンド＆タイム管理システムを完成させた．なお，限りない「からくり電力」を創出するために，タイマは秒単位精度のものを導入した．

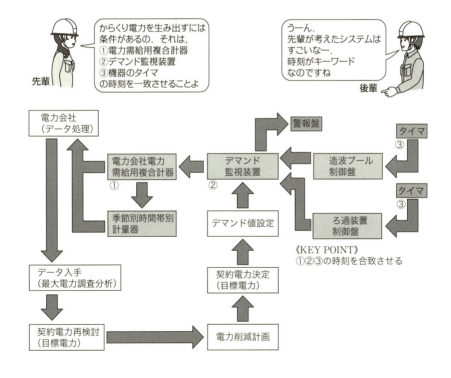

第2図　デマンド＆タイム管理システム図

5 電力合理化用機器設置の工夫

(1) デマンド警報盤・回転灯の設置

当プールでは，第1変電室にデマンド監視装置が設置されていたので，監視員の駐在する機械室および管理棟事務室にデマンド警報盤を設置した．なお，機械室監視員が室外にいても，ピークの警報を目で確認できるよう，機械室外部に赤色回転灯を設置した（**写真3**）．

(2) 造波プールにタイマと回転灯を設置

当プールの造波装置は旧式で，2枚の鉄板を2基のアームで上下し，その圧力で波を起こしている．しかし，経年劣化で2枚に微妙なずれが生じているため，手動で調整しながら運転しているのが実状である．運転の方法は，造波プール監視員の合図を受けて，造波機械室係員が毎回運転ボタンを押して稼働していた．

そこで，時間管理はタイマにより自動化し，安全性を考慮して，タイマON状態のなかで手動運転とすることを考えた．造波プール機械室にある造波制御盤内にタイマを取り付けて，あらかじめON・OFF時刻を設定しておく．造波プール監視員の監視台には，運転可能を知らせる橙色回転灯を設置した．タイ

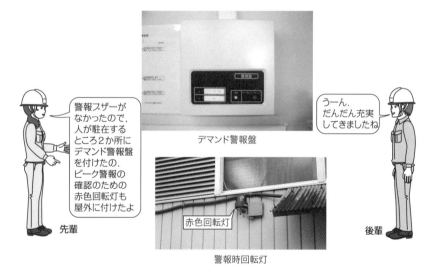

写真3　デマンド警報の工夫

マがONになると回転灯が回り始め，監視員は運転可能状態であることが容易にわかる．プールの状況を監視しながら，安全を確認した後，機械室係員へ合図を行い，係員が造波機器を稼働させる．タイマがOFFになると，造波の稼働は自動的に停止される（**写真4**）．

(3) 深井戸ポンプなどの一時停止

2年目にさらなる改善を目指して，現場へ足を運んだ．現地の管理員との雑談の中で，思いがけない事実を耳にした．「ここの深井戸ポンプはよく観察していると，6分間くらいは頻繁に止まっているんですよ．6分間なら停止しても大丈夫ですよ」長年，監視している鋭い眼だ．

この話からとっさに，次の連想が生まれた．「造波プールの運転は10分だったな．造波機器運転時に深井戸ポンプを停止できれば，ピークカットができる

造波機器

造波制御タイマ

造波運転可能回転灯

写真4　造波機器への工夫

第9章　Aプール…"からくり電力"を生みだす技

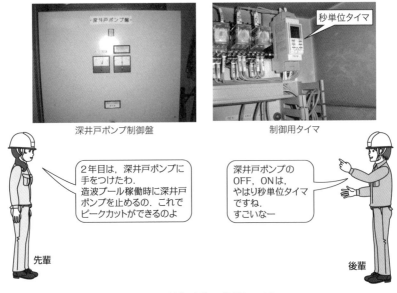

写真5　深井戸ポンプ制御の工夫

のではないか．深井戸ポンプの減要素と造波プールの増要素を組み合わせればいいのでは……」

　この考えを具現化するためには，造波機器運転時に，深井戸ポンプを一時停止するインタロック回路が必要だ．そこで，ピーク時（造波プール稼働時）一時的に深井戸ポンプを停止するためのタイマを深井戸制御盤内に取り付けた（**写真5**）．あわせて，ろ過器も連動して停止することとした．停止時間は余裕をみて5分間とし，停止中，万一水が足りなくなった場合を想定し，深井戸ポンプ停止を解除できるシステムとした．この対策により，7.5 kWのピークが削減できる．

　この対策のシーケンス図を**第3図**に示す．造波プールの運転開始から5分間，深井戸ポンプとろ過器を停止する．5分間停止TMにより，X1，X2でそれぞれ深井戸ポンプとろ過器を停止する．緊急時，PB1およびPB2により，それぞれ深井戸ポンプとろ過器の停止を解除する．その際，Y1，Y2は自己保持される．

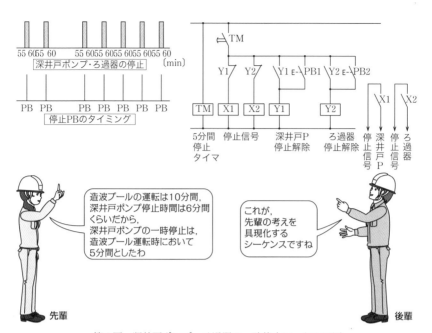

第3図　深井戸ポンプ・ろ過器の一時停止シーケンス図

6　Aプール…電力ピーク時運転マニュアルの作成

　現場での聞き取りや運転の工夫をもとに，作成した電力ピーク時運転マニュアルが**第4図**である．大きく二つ，平常時の運転方法とデマンド警報鳴動時の対応に分けた．平常時については，①流水プールの起流ポンプの運転台数減，②造波プールの運転開始タイミングの変更，③造波プール運転時の前半5分間，深井戸ポンプおよびろ過器の停止，④中央噴水の一部停止，などを盛り込んだ．噴水は二次的な設備であり，プール遊泳の本質的なものではない．しかし，CS（顧客満足度）は若干低下することは否めないため，最小限の停止とした．

　デマンド警報鳴動時には，①中央噴水の手動停止，②管理棟照明の消灯，③管理棟空調の一時停止，を行うこととした．警報鳴動時にだれが何を行うか，また連絡方法なども記載し，マニュアルは監視員控室および管理棟事務室に掲示した．

第9章 Aプール…"からくり電力"を生みだす技

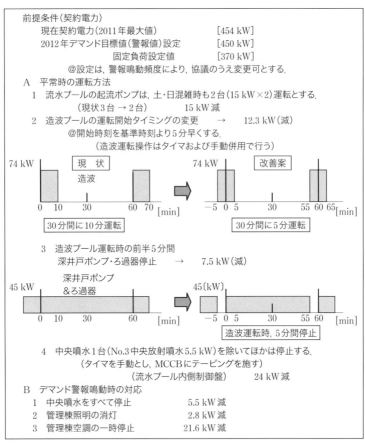

第4図　Aプール 電力ピーク時運転マニュアル [抜粋]

7　契約の変更

　設定した契約電力目標値への変更を行うために，電力会社と交渉した．この際，電力ピーク時運転マニュアルの考え方，電力削減方針が強力な説得材料と

― 118 ―

なり受理された．

契約電力は協議契約700 kWであったが，これを暫定実量制契約460 kWへの変更契約を電力会社と協議のうえ締結した．暫定契約であるため，1年間は460 kWを上回ることなく実行しなければ，変更契約は成立しないことになる．

契約メニューについては，過去1年間の電力データをもとに，各料金体系に当てはめてシミュレーションを実施した．その結果，業務用季節別時間帯別電力に変更すると，年間1 270 000円の削減が予測できたのであわせて契約を変更した．

業務用電力

契約種別	基本料金 [円/kW]	電力量料金 [円/(kW·h)]	
業務用電力	1 638	夏季	16.65
		その他季	15.55

業務用季節別時間帯別電力

契約種別	基本料金 [円/kW]	電力量料金 [円/(kW·h)]		
業務用季節別時間帯別電力	1 638	ピーク時間		19.50
		昼間時間	夏季	18.82
			その他季	17.46
		夜間時間		12.10

プールで効果が発生する理由
1　夜間に稼働する大きな負荷（プールろ過器）があるため，夜間時間の適用度が高い．
2　日・祝日の入場者が多いため電力消費量も増加するが，昼間時間およびピーク時間でありながら，夜間時間の適用を受けることができる．

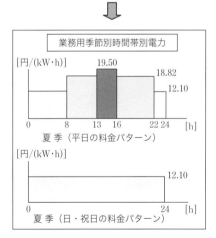

図解2　業務用季節別時間帯別電力への変更イメージ図

第9章　Aプール…"からくり電力"を生みだす技

8　総　括

(1) 契約メニューの変更【図解2】

　電力会社の契約メニューのうち，業務用季節別時間帯別電力の料金システムをビジュアル化したのが**図解2**である．電力量料金はピーク時間，昼間時間，夜間時間に分かれており，ピーク時間・昼間時間の料金は割高であるが，夜間時間の料金が安い．この夜間時間は日，祝日には終日適用される．

　プール営業中は，容量の大きい・ろ過器が24時間連続で稼働しているため，夜間時間の適用度が高い．また入場者は日・祝日に集中しているため，電力消費の大きいピーク時間，昼間時間でありながら，夜間時間の料金で賄うことができる．この2点がこの契約メニューへの変更効果が大きい要因である．

(2) 配置図および電力合理化対策図【図解3】

　当プールの配置および電力合理化対策を施した部分を示す．造波プールの運転タイムシフト，起流ポンプの1台停止，深井戸ポンプおよびろ過器の一時停止，

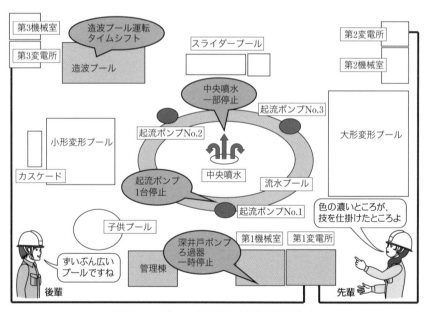

図解3　Aプール 配置図・電力合理化対策図

— 120 —

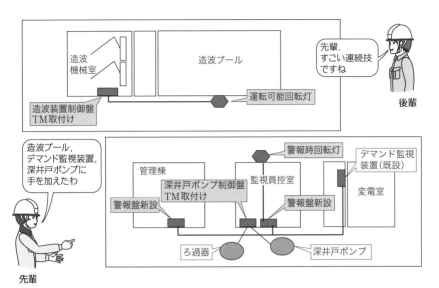

図解4　Aプール 電力合理化システム図

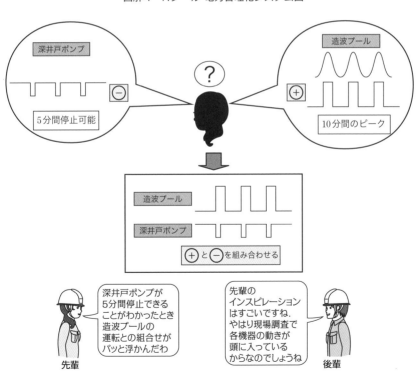

図解5　Aプール 深井戸ポンプ一時停止のインスピレーション

警報発生時の中央噴水の一時停止などを表している．

(3) 電力合理化システム図【図解4】

電力合理化対策で，特筆すべき部分のシステム詳細を示す．造波プールの運転タイムシフト用に設置したタイマ，監視員と運転操作員の連絡調整のために設置した回転灯を上図に表す．また，下図にはデマンド警報盤，警報時の回転灯，深井戸ポンプおよびろ過器の一時停止用のタイマを示す．

(4) 深井戸ポンプ一時停止のインスピレーション【図解5】

2年目の現場での聞き取りからヒントを得て，深井戸ポンプの5分間の停止（マイナス要素）と造波プール10分間の運転（プラス要素）を組み合わせて，さらなるピークカットへ結びつけた．考えてみると，**アイデアとは，もちろん画期的なものもあるが，そのほとんどはすでに存在するものの組合せである．これをどう組み合わせるかが一つの知恵であろう．**

9 考　察

当プールにはデマンド監視装置があり，そのデータも保存されていたが，残念ながら活用されていなかった．また，デマンド監視装置の設置場所が変電室の中であったため，監視するには不適であった．今回，デマンド警報を2か所に発することで，職員と現場監視員の意識改革ができ，コスト削減にもつなげることができた．

まず，現実を自己のフィルタに通すことよ．
そして考え方をちょっとずらすだけで，新たな価値が生まれるのよ．

第10章
Bプール…眠っている防災用発電機を改造・常用化

発電機は非常時以外にも活用すべし！

　当プールは，日本の高度成長期に誕生し，都内にも近いこともあり，利用者は多い．20年前に，造波プールが完成し，南国のビーチにタイムスリップするような雰囲気を醸し出している．当プールの流水プール（**写真1**）に防災用発電機を活用した事例について解説する．

写真1　流水プール全景

1　現　状

(1) 運転監視状況

　デマンド監視装置は，変電室・管理棟1F警備員室・2F事務室に設置されている．変電室に設置されているデマンド装置は，警報機能も，データプリント

— 123 —

機能も有している．契約電力は580 kWであるが，デマンド監視では540 kWを想定した対応を行っており，きめ細かな管理がなされている．ほかのプール運転管理の模範となるものである．

(2) 電力の理想的使用形態と当プールの使用状況

　理想の形態は，**第1図**上部に示すとおり，基本料金の構成比が12.0％であり，電力量料金は88.0％である．この構成比12.0％は，一定に電力を消費した場合，電力料金に占める基本料金の最低比率である．電力合理化のためには，可能なかぎり，基本料金を抑える工夫が必要である．一方，当プール非開催時の実績データから，同様の計算を行うと，基本料金の構成比は71.1％，電力量料金

理想の形態	円/(kW・月)	構成比[％]
基 本 料 金	1 638	12.0
電力量料金	11 988	88.0
計	13 626	100

計算式
1 kW 当たりの基本料金(月額)　1 638円
1 kW 当たりの電力量料金(月額)
　16.65円×24 h×30日＝11 988円

＠上表で構成比12.0％は，一定に電力を消費したとき，電力料金に占める基本料金の最低比率である．

Bプール（非開催時）	円/(kW・月)	構成比[％]
基 本 料 金	24 638	71.1
電力量料金	10 030	28.9
計	34 668	100

＠上表は，現地の実績データに基づき算出した．

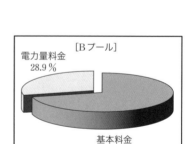

第1図　基本料金のウェイト

は28.9％である．プール時期（2か月）以外の使用量が少ないため，極端に効率が悪いことが明白である．このプール時期以外の，多額の基本料金が大きな損失となっている．

2　防災用発電機の活用

(1) 計　画

当プールに設置してある防災用発電機（**写真2**）は，非常用発電機であり常用発電機ではないので，長時間運転の実績がない．ただし，本発電機は阪神淡路大震災後に設置したもので，任意設置であり，負荷としては管理棟照明，防災用照明，浄化槽などであり，消防法・建築基準法には一切絡んでいない．以下に発電機の仕様を示す．

- 発電機

　　　$3\phi\ 200\ V$　　$150\ kV \cdot A$

　　　即時長時間形

　　　$1\ 500\ \mathrm{min}^{-1}$

- エンジン

　　　ディーゼル

　　　冷却方式　水冷式

写真2　防災用発電機（150 kV・A）

・燃料　Ａ重油　1 950 L

　発電機の常用的活用にあたっては，適正な負荷の選定が重要である．発電機容量からの制約，発電機からの距離などから負荷選定を行った．その結果，発電機から比較的近い流水プールの起流ポンプに適用することに決定した．非常用発電機に関してはメーカの見解によると，年間500時間以内の運転を保証値としている．しかし，現実に運転するのは，停電があったとき，または月次点検の際，無負荷運転するのみで，自動車でいえば，エンジンの空転をしているようなものであり，発電機の性能維持の観点から，望ましい状態とはいえない．そこで，年間500時間の範囲内で，実負荷運転を可能とするための改造を行うこととした．

(2)　プール電力の分解とピークカットイメージ

　過去のデータをもとにプール電力を分解すると，**第2図**のように3種類の要素に分けることができる．

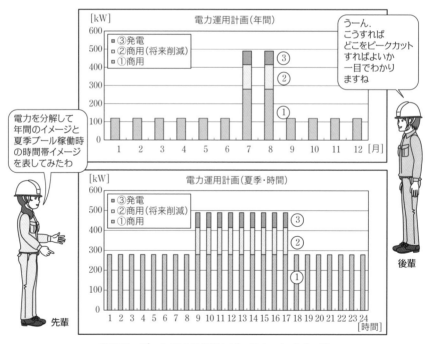

第2図　プール電力の分解とピークカットイメージ

① 365日間・24時間必要な電力（年間ベースの管理用負荷）

② 60日間・24時間必要な電力（夏季ベースの各プールろ過器）

③ 60日間・8時間／日必要な電力（夏季ピークの各プール機器）

　プール機器は，主として造波プール機器，流水プール機器，スライダープール機器である．

　電力運用計画を第2図に示す．上図が年間計画，下図がプール営業時の24時間計画イメージである．年間では，7・8月の営業時に約500 kW消費するが，その他の月は100 kW程度である．2か月のピークのうち，先端の75 kWを防災用発電機で賄うことによりピークカットする．

　営業時には，24時間約280 kWのプールろ過器が連続運転している．ピークは営業時間の8時間であるが，各種プール機器が稼働する．このプール機器のうち，流水プールを動かす起流ポンプ75 kWに防災用発電機を適用する．

　具体的に表現すると第2図に示すとおり，年間負荷の7・8月の先端部③（発電）に適用する．1日の時間負荷で捉えると，9時〜17時までの8時間の先端部③に相当する．

(3)　改　　造

【改造内容】（写真3参照）

　既設の非常用発電機を常用発電機として，長時間負荷対応へ改造した内容を以下に記述する．

①　エンジンオイル用自動給油装置の取付け

・オイルタンクは，別置き型として設置し発電機への配管を行う．

・オイルタンクの設置場所は，燃料タンクの防油堤内とする．

・オイル配管に自動レベル計を設置して，オイルの量を均一に自動維持する．

②　発電機の全整備調整

・エンジンオイルを高負荷対応用（1 000時間保証）に交換する．

・オイルエレメント，燃料エレメントなどを洗浄する．

・燃料油水分離器を洗浄するとともに，エレメントを交換する．

・排気および吸気弁のクリアランスを調整する．

第10章 Bプール…眠っている防災用発電機を改造・常用化

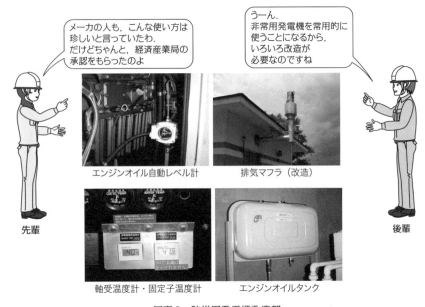

写真3 防災用発電機改造部

- ファンベルトの張り具合を調整する．

③ 発電機の試運転および調整

- エンジンの試運転を行い，各部の漏れ，緩みおよび異音などがないかチェックを実施する．
- 発電機のコンディションおよび性能確認は，模擬負荷にて実施する．
- プール営業前に実負荷試験を行う．

　なお，2か月間ではあるが，防災用発電機を常用的に使用することに関しては，発電機に軸受温度計，固定子温度計を設置し，騒音計・振動計・回転計を常備して，経済産業局へ届出を行い，承認されたものである．

　また，この発電機の燃料消費量は50 L/h未満であり，当県の大気規制（ばい煙関係）中の（NO_x基準）の対象外である．適用にあたっては，各都道府県の環境基準を満たすことが必要である．

⑷ システム構成（写真4）

　第3図に示すとおり，起流ポンプは3φ 400 V 15 kWが9台あり，そのうち5

写真4　発電機周辺整備機器

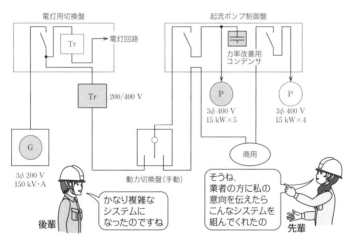

第3図　防災用発電機活用システム結線図

台を防災用発電機で賄う．発電機は3φ 200 Vであるため，昇圧トランス(200/400 V)を設置する．起流ポンプ制御盤のそばに，動力切換盤を設置し起流ポンプ5台（15 kW×5 = 75 kW）を発電機側の負荷とし，残り4台は商用負荷とする．なお，発電機回路には力率改善用コンデンサを設置する．

(5) 費用対効果（経済効果）

　防災用発電機活用の経済効果を予測すると，**第1表**のとおり，3.39年で投資

額を回収できる見通しを立てることができた．現在の経済情勢は混迷を極め，行き先不透明な状態が続いている．回収年数は3年前後が妥当であると判断される．

第1表 防災用発電機活用の経済効果予測

1 発電計画
　当プールに設置してある防災用発電機(150 kV·A)を運転し，流水プールの起流ポンプ(15 kW×5台)を賄う．

2 経済効果(年間)

		効　果	根　拠	備　考
電力会社	契約電力	▲ 75 kW		
	使用電力量	▲ 32 400 kW·h		
	基本料金	▲ 1 253 070円	75 kW×1 638円/kW×0.85×12月	
	電力量料金	▲ 539 460円	75 kW×432 h×14.60円/(kW·h)	
	小　計	▲ 1 792 530円		
防災用発電機	発電機負荷	75 kW	起流ポンプ(15 kW×5)	
	発電電力量	32 400 kW·h	75 kW×432 h	
	燃料使用量	6 480 L	24 L/h×75/120×432 h	特A重油
	燃料費	578 340円	6 480 h×85円/L×1.05	
	メンテナンス費	192 720円		
	小　計	771 060円		
	計	▲ 1 021 470円		

3 投資効果
　(A) 経済効果(年間)　　1 021 470円
　(B) 改修工事費　　　　3 465 000円

投資額回収年数　(B)/(A)＝3.39　年

発電機の活用では3年前後で投資効果を出したいと思っているわ
先輩

うーん．狙いどおりになりそうですね
後輩

3　造波プールの運転タイムシフト

　造波プールは，規模が小さく造波機器容量は37 kWで，10分サイクルで運転していた．休止時間を10分から15分に変えることにより，6.1 kWのピークカットができる．規模が小さいのでタイマにより自動運転されているが，**第4図**のとおり，どの時刻にONしてもピークカットの原理が変わらないことを示している．

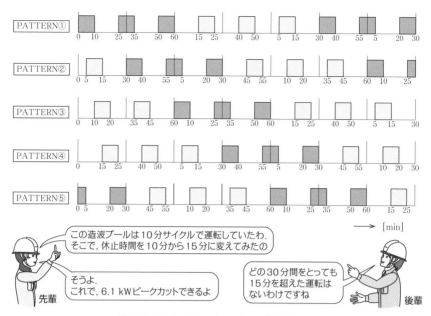

第4図　Bプール　造波プール新運転パターン

4　Bプール…電力ピーク時運転マニュアルの作成

　Aプールと同様に，現場での聞き取りや機器運転の工夫を盛り込んで作成したマニュアルが**第5図**である．Ⓐ平常時の運転方法，Ⓑデマンド警報鳴動時の対応に分けた．平常時は，①造波プールの運転パターンの変更（休止時間タイマの設定変更），②変形プールの滝ポンプ流量バルブの絞り，③防災用発電機による流水プールの起流ポンプの運転，④玉すだれ揚水ポンプの停止，を盛り込んだ．②，④については，プールの本質的な機能ではないが，CS（顧客満足度）にかかわるため，注意を払い最小限の対応とした．

　デマンド警報鳴動時には，①管理棟空調の一時停止，②管理棟照明の消灯，③滝用ポンプの停止，④幼児用プールの噴水停止（この噴水は幼児にとって欠かせないものであるため，最悪の場合の対応とする），を行うこととした．警報鳴動時の対応については，各機械室係員，事務職員，アルバイトの役割分担を決め，速やかな行動ができるものにした．

第10章　Bプール…眠っている防災用発電機を改造・常用化

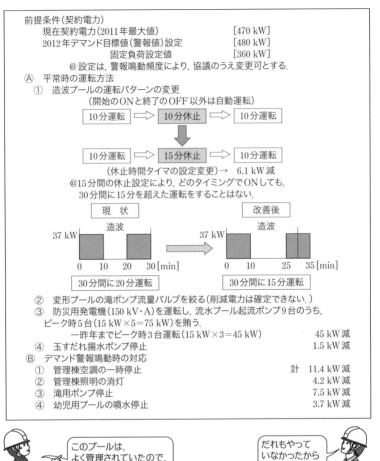

第5図　Bプール 電力ピーク時運転マニュアル［抜粋］

　当プールの設備管理技術者は，きめ細かな電力管理を行っており，ほかのプールの運転マニュアルをつくる際の手本となるものであった．これに手を加えて，マニュアル化を行った．

5　契約の変更

　契約電力は，いままで協議契約580 kWであったが，電力会社と協議の結果，

暫定契約490 kWへ変更した．この協議の際，ピーク時運転マニュアルが大きな説得材料となった．

契約種別については，過去1年間のデータをもとに，各種メニューに当てはめてシミュレーションを実施したところ，業務用季節別時間帯別電力で1 948 000円減の効果が予測されたので，この変更も併せて実施した．

6 総 括

(1) プール電力の因数分解【図解1】

年間電力を因数分解すると，年間ベース負荷があり，その上にプール営業時2か月間の年間ピーク負荷が上乗せされる．プール営業中24時間の因数分解では，プール営業中，ベース負荷（主にろ過器）があり，その上にプール機器運転によるピーク負荷が8時間乗るスタイルとなる．

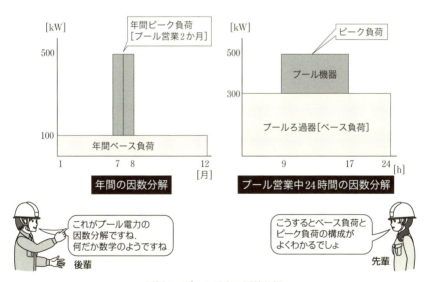

図解1 プール電力の因数分解

(2) 防災用発電機改造図【図解2】

非常用発電機を常用的に使用するためには，軸受温度計および固定子温度計が必要となる．燃料タンクのある防油堤内には，オイルタンク（自動給油用）を設置した．その他，燃料の交換やエンジンオイル関係の整備を実施した．

第10章　Bプール…眠っている防災用発電機を改造・常用化

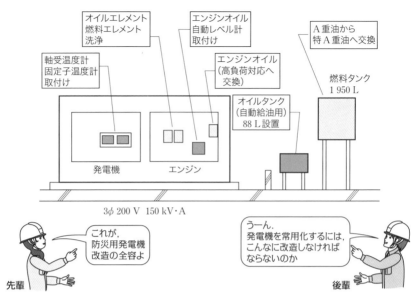

図解2　Bプール　防災用発電機改造図

(3) 防災用発電機活用システム図【図解3】

　発電機の電圧は200 Vであるが，活用する負荷である起流ポンプは400 Vで

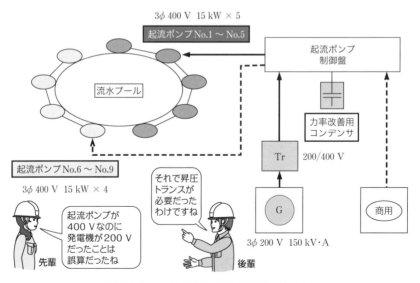

図解3　Bプール　防災用発電機活用システム図

− 134 −

あるため，昇圧トランスを設置した．起流ポンプ制御盤には，力率改善用コンデンサを取り付けた．

(4) 配置図および電力合理化対策図【図解4】

図解4に当プール施設の概要を示すとともに，電力合理化の改善対応のレイアウトを表す．造波プールのタイマ設定変更は，造波プール機械室で行った．デマンド監視装置は，監視員の常駐する変電室に設置されていたので，変電室に隣接する機械室でも警報がわかるよう，黄色のデマンド警報回転灯を取り付けた．

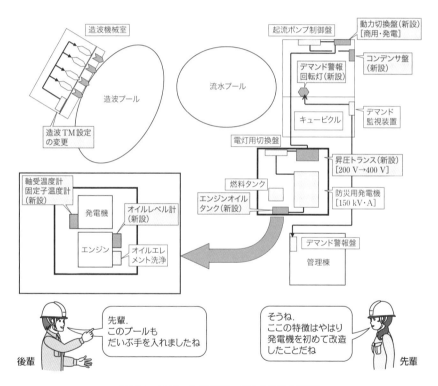

図解4 Bプール 配置図・電力合理化対策図

7 考 察

形あるものは，時が経てばいつかは必ず壊れる．電気機器の寿命はおおむね

第10章 Bプール…眠っている防災用発電機を改造・常用化

15〜20年である．ほとんど使用することなく，修理・更新するより，何かに活用してその生命を終えるほうが，よほど有益ではないだろうか．そもそもわれわれの頭の中には，非常用発電機は，単に非常用にしか使えないという常識が刷り込まれている．今回，この刷り込まれた常識を覆すことに挑戦した．防災用発電機の本格的な常用的使用は初めての経験であり，先鞭をつける事例として，一つの**ビジネス成功モデル**となるものと考える．

ものごとは分離・分解することにより，その本質が明確になるの．
そして解決策が浮かび上がるのよ．
挑戦なきところに成功なし！

第11章 Cプール…"こままわし・敗者復活"理論の複合技

契約電力500 kW未満を死守するために暗闇の中で輝いたレストラン！

　当プールには，船のシンボルを配した，1周300 mの流れるプールがある．大小2種類の波と戯れることのできる造波プール，スリルのあるスライダープール（チューブスライダー）など，9種類のプールが設けられている（写真1）．このプールの契約電力を，500 kW未満に下げることを目標にして，取り組んだ事例について紹介する．

写真1　スライダープール（チューブスライダー）

1　現状(問題点)

　デマンド監視装置は，第1変電所にあるが，データプリント機能はない．現場では，職員も委託管理員もデマンド監視装置の存在に気づいていなかった．

したがって電力のピークカット対策は何も行っていない．警報の設定が700 kWになっており，調査資料によれば過去2年間の最大電力は617 kWであることから，デマンド警報がいまだかつて鳴った形跡がない．

2 改善策（1年目の改善）

(1) デマンド監視装置の設置

現在のデマンド監視装置は，簡素なもので綿密な管理ができないことがわかったので，管理棟事務室および監視員室に新型のデマンド監視装置を設置し，職員と委託監視員の両者で監視するシステムとした（**写真2**）．また，監視員が控室を離れた場合でも，警報を知らせる赤色回転灯を隣接する機械室に設置した．

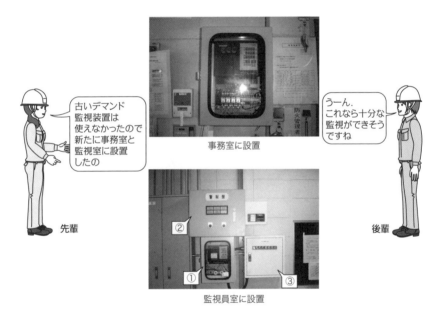

①デマンド監視装置　②警報盤　③デマンドカットリレー盤

写真2　デマンド監視装置

(2) 造波プールの運転タイムシフト

造波プールは，**第1図**のとおり大波（74 kW）とさざ波（60 kW）で構成されており，従来は同時に運転され大きなピークを発生していたが，二つに時分

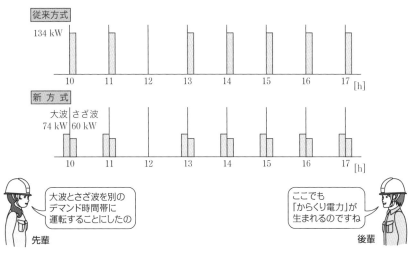

第1図　Cプール 造波プール運転サイクル

割することにより，20 kWのピークカットができる．大きい74 kWを30分間の終末に位置したのは，30分デマンドの初期より終期のほうが警報の発生確率が低いためである．

(3) 手元操作盤（回転灯付き）の設置

　造波プールの運転は，時間になると監視員が指示を出し，その都度係員が地下の造波機械室にある制御盤で運転ボタンを押していた．大波・さざ波各2回ON・OFFを手動操作していた．造波機械室の中は蒸し暑く，まさに劣悪な環境で運転操作をしていた．何か改善の妙案はないものかと模索した．そこでひらめいたのが，造波プールの直近で運転操作する方法である．

　手元操作盤（写真3）をプールの見晴らしのよい位置に設置し，内部に造波運転ON・OFFタイマ（秒単位タイマ）を設置した．手元操作盤の横に大波・さざ波それぞれの運転可能ランプを取り付けた．運転時刻になるとそれぞれの回転灯が回り始め，運転可能状態を監視員に知らせる．プール内の安全確認と回転灯の確認を行って，造波運転ボタンを手元で押すだけで運転可能となり，停止は自動であるため操作は不要である．

第11章　Cプール…"こままわし・敗者復活"理論の複合技

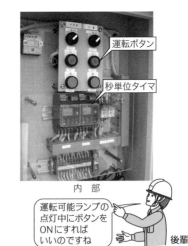

写真3　造波プール手元操作盤

(4) Cプール ピーク時運転マニュアルの作成

第2図のとおり，平常時の運転方法として，①大波と，さざ波の同時運転はしない．②流水プールの起流ポンプは，土，日混雑時1台減の運転とする．③造波プール運転タイミングの変更．④ピーク時のデマンド信号により造波および多目的プールろ過を一時カットする．⑤防災用発電機の活用，⑥空調の一部停止などを行う．また，デマンド警報鳴動時は，①管理棟・アルバイト控室などの空調停止，②管理棟照明の消灯，③やむを得ない場合，チビッコプールの噴水停止を盛り込んだ．このマニュアルを管理棟事務室および監視員控室デマンド監視装置のそばに掲示し，周知徹底を図った．

3　デマンドカット機能を導入（2年目の改善①）

1年目に設置したデマンド監視装置により，ピーク時（造波プール機器稼働時）一時的にプールろ過4台（①造波プールろ過器No.1，②造波プールろ過器No.2，③多目的プールろ過器No.1，④造波プールろ過器No.3）をデマンド信号により，サイクリックに自動カットする回路をデマンドカットリレー盤に組み込んだ（写真2）．デマンドの目標値・固定負荷値・調整警報値（調整負荷）

− 140 −

```
前提条件(契約電力)
    現在契約電力(2011年最大値)           [497 kW]
    2012年デマンド目標値(警報値)設定      [490 kW]
            固定負荷設定値               [400 kW]
        ＠設定は，警報鳴動頻度により，協議のうえ変更可とする．
Ⓐ 平常時の運転方法
  ① 造波プールの運転方法
    ⑴ 大波(37 kW×2＝74 kW)と，さざ波(30 kW×2＝60 kW)の同時運転はしない．
    ⑵ 流水プールの起流ポンプは，土・日混雑時も2台(15 kW×2)運転とする．
        (現在3台 → 2台)                                          15 kW減
    ⑶ 運転開始タイミングの変更  →  20 kW減
        ＠ 大波を10分運転し(基準時より10分早く運転)，2分休止後，
           さざ波を8分運転する(造波運転操作はタイマおよび手動併用で行う)
```

```
    ⑷ デマンド信号により，ピーク時造波および多目的プールろ過器を一時停止し，復帰は原則として自動とする．
  ② 防災用発電機(100 kV・A)を運転し，レストラン(空調および排風機24.7 kW)，レストラン厨房機器(29.6 kW)，計54.3 kWを賄う．
                                                              計54.3 kW(減)
  ③ 空調の停止
    ⑴ レストハウス空調4台のうち(2台停止)
         7.5 kW×2                                              15 kW減
    ⑵ ひまわり売店空調2台のうち(1台停止)                          3.5 kW減
    ⑶ 委託売店控室空調停止                                       1.5 kW減
Ⓑ デマンド警報鳴動時の対応
  ① 管理棟・アルバイト控室などの空調停止                         16.1 kW減
  ② 管理棟照明の消灯                                             1.3 kW減
  ③ チビッコプールの噴水停止                                     15 kW減
```

第2図 Cプール 電力ピーク時運転マニュアル［抜粋］

については，慎重に検討し試行錯誤を重ねながら，事前に試運転を実施した．

4 防災用発電機の活用(2年目の改善②)

1年目に，500 kW未満の実量制契約への移行を達成したが，その後建設に取りかかったチューブスライダー(揚水ポンプ18.5 kW×2)により，500 kW未満の維持が不可能となった．そこで当プールに設置されている防災用発電機

活用の検討を行った．

(1) **計画および発電機の改造**

現地に設置されている防災用発電機（**写真4**）の仕様は下記のとおりである．

- 発電機

　　　3φ　200 V　100 kV・A

　　　即時長時間形　1 500 min^{-1}

　　　エンジン…ディーゼル

　　　冷却方式…水冷式

　　　燃料…特A重油

発電機の改造は，最初に手がけたBプール（第10章）と同様な内容で実施した．

防災用発電機は第1変電所のそばにあり，チューブスライダーからは300 mくらいの距離があり，ケーブルを新たに布設すると，10 000 000円以上の工事費がかかる．そこで，発電機近くの動力負荷を洗い出しピックアップすると，管理棟事務室空調15 kWと受水槽ポンプ15 kW×2台であった．ところが，受水槽ポンプはその機能から満水になれば停止するため，安定した負荷となりえない．費用と負荷選定の壁に当たってしまった．

(2) **発電機負荷の模索《暗闇で輝いたレストラン》．ただし厨房(ちゅうぼう)負荷への適用は要注意**

写真4　防災用発電機（100 kV・A）

現場へ何度も足を運び頭をひねったが，妙案が浮かばない．冬の日が暮れるのは早い．あたりが暗くなった頃，何となく園内のレストラン（**写真5**）が輝いたように見えた．アイデアが頭をよぎる．「1年前の現場調査のとき，たしかレストランの厨房に，動力負荷がかなりあったはずだ．厨房負荷なら比較的安定した作動をしているだろう．」発電機の運転には，比較的変動の少ない安定した負荷が適している．翌日，現場機器調査表をもとに厨房を探ってみた．冷蔵庫，冷凍庫，製氷器，汁温器など電熱系の実に都合のよい負荷がたくさんあった．ここなら第1変電所のエリアではなく第2変電所のエリアではあるが，それほど遠くはない．コストも抑えられるはずだ．

　しかし，ここでまた壁に当たった．厨房機器には，冷蔵庫・冷凍庫などに食品が保管されており，プール休園日には発電機は運転しないので電源がなくなってしまう．食品が腐敗しては大変なことである．商用と発電機切換えを手動で行うとすると，操作ミスが発生するかもしれない．次にタイマ設置を考えたが，休園日には発電機は運転していないのでやはり答えではない．プログラム機能を備えたタイマを導入する方法も考えられるが，高価すぎる．**そこで考えた究極の理論が，発電機の電圧確立信号によって負荷を入切する考えであった．これでやっと難問の解を得た．**なお，厨房以外にレストラン空調4台のうち2台（10.5 kW×2＝21.0 kW）を発電機負荷とした．

　このような瞬間的な思考は，数学的にいえば「考えを微分する」，いわば微

写真5　レストラン全景

分思考である．微分するように，極限まで問題を追い詰める作業である．一方，通常は「考えを積分する」，すなわち積分思考といえる．情報やアイデアを蓄積する状態である．この積分思考と微分思考の両者を，うまく使い分けることにより，高度な思考領域に到達することができる．問題点に対する思考を継続し，制御することが大切である．

　この発電機活用のシステム図が**第3図**である．配線は商用電源と発電機電源が絡んで複雑なため，シンプルに表現すると図のようになる．発電機電源は，夏季プール営業時は，運転時，発電機切換盤で発電機側にして，運転終了後，商用電源に戻す．発電機電源は第1変電所の切換盤へ送られる．第1変電所には，念のため調整用負荷として管理棟空調機を当てているため，その切換盤を設置する．第1変電所切換盤からの電源は，旧スケート冷凍機用ケーブルを経由して，レストランの厨房電源切換盤と空調電源切換盤（**写真6**）へ供給する．

　厨房電源切換盤結線図を**第4図**に示す．負荷調整用として冷凍・冷蔵庫を当てた．この調整用負荷を設けた理由は，発電機が過負荷または軽負荷となった場合，手動で商用電源と発電機電源を選択できるよう，切換可能とするためで

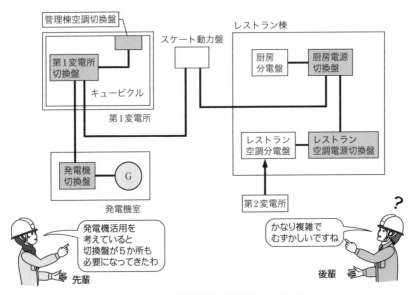

第3図　防災用発電機活用システム図

ある．

写真6　レストラン（厨房電源切換盤・空調電源切換盤）

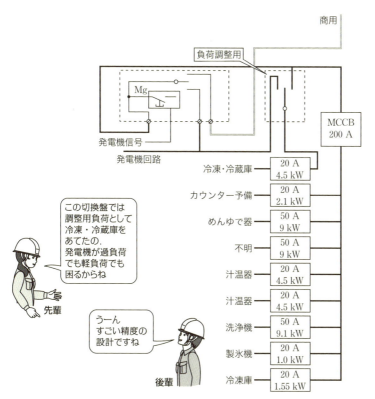

第4図　レストラン厨房盤・厨房電源切換盤結線図

第11章 Cプール…"こままわし・敗者復活"理論の複合技

(3) スケート用冷凍機ケーブルの再利用

　第5図のとおり，防災用発電機からレストラン厨房にいたる経路には，廃止されたアイススケート場がある．スケート場冷凍機用の幹線（CV 325 mm^2－3C×2）が第1変電所から走っている．ケーブルの電流容量は十分である．これを再利用すれば，コストダウンを図ることができるはずだ．

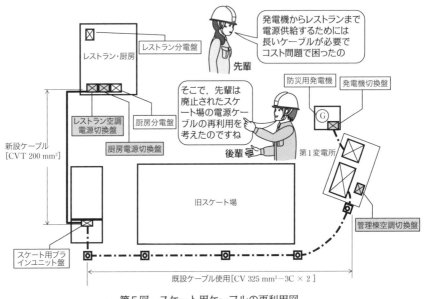

第5図　スケート用ケーブルの再利用図

5　総　括

(1) こままわし理論【図解1】

　当プールには変電所が3か所あり，これをグループ①②③とすると左図のようになっている．それぞれのグループには，複数の負荷因子がぶら下がっている．今回のレストラン厨房はグループ②に属している．これを一度バラバラに展開し，レストラン厨房因子㋭をグループ①にくくり直したのが右図である．キーポイントは因子㋭の発見とその因子のくくり直しである．因子㋭のグループ換えともいえる．因子㋭はグループ②でなければならないという，固定観念を捨てることが大切である．因子の展開と分解の様子を筆者は「こままわし理

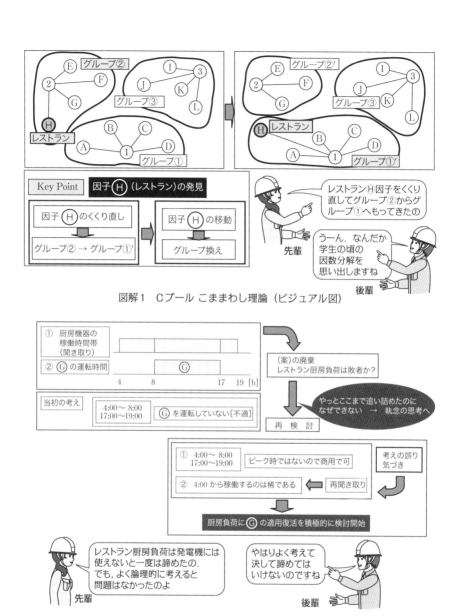

図解1　Cプール こままわし理論（ビジュアル図）

図解2　レストラン厨房負荷の敗者復活理論思考プロセス①

論」と名づけた．

(2) レストラン厨房負荷敗者復活思考プロセス①【図解2】

　厨房機器の稼働時間帯を聞き取った時点では，発電機の運転時間帯とのずれ

があるため，負荷として適さないと一度は諦めた．厨房負荷は負荷として使えない敗者か．しかし本当に敗者なのだろうか．スポーツには，敗者復活戦があるではないか．よくよく考えてみると，発電機運転から外れた時間帯はピークが発生するはずはないのだから，商用電源でよいのである．固定観念が強すぎたので，こんな考え方に陥ってしまったのだと反省することしかりであった．ものごとは柔軟に考えなければならないことを痛感した．

(3) レストラン厨房負荷敗者復活思考プロセス②【図解3】

次に問題となったのが，冷凍・冷蔵食品の安全が保たれるかということであ

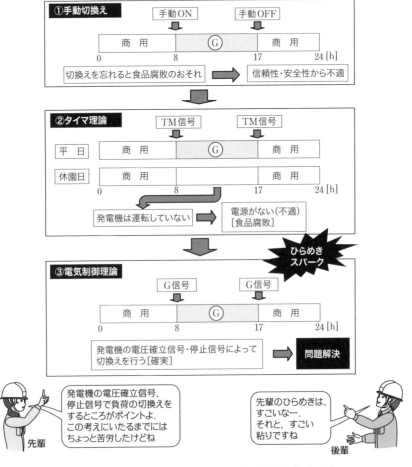

図解3　レストラン厨房負荷の敗者復活理論思考プロセス②

る．まず発電機運転時間帯に商用電源との手動切換を考えたが，人的手段は確実ではない．次にタイマ活用を検討したが，休園日に発電機へ電源切換を自動で行うと電源がないからダメである．**考えあぐねた末の，究極の理論は，発電機の電圧確立信号をひろって電源を得る「電気信号制御理論」である**．こうして，レストラン厨房負荷は敗者から復活した．

(4) 電力合理化システム図【図解4】

当プールは，4プールの中で一番多く改善対策を実施した．それだけ各種の問題点を抱えていたのかもしれない．一連の改善工事が，平面配置図上どうなっているかを表現したのが図解4である．

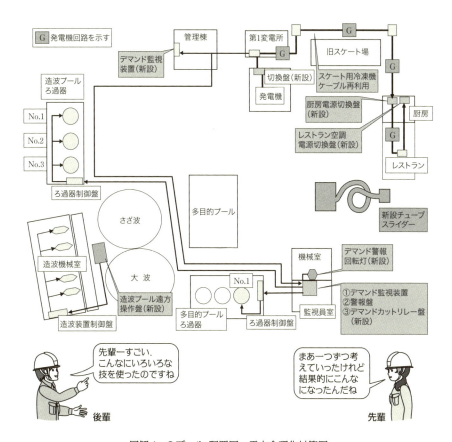

図解4　Cプール 配置図・電力合理化対策図

6 考　察

　発電機活用のために負荷調査から始まって，負荷を確定してからも壁が立ちはだかって，この事例も難攻不落の難問の連続であった．しかし，結果的に2年目も500 kWを超えることなく課題を達成できた．また，造波プール運転の改善により，劣悪な環境でのON・OFF作業から運転操作員が解放され喜ばれたことは，電気技術者冥利に尽きる感があった．

綿密な現場調査は思わぬ効力を発揮するわ．思考を深めていくと，あるとき最適解にたどり着くのよ

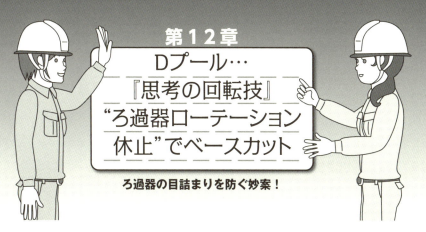

第12章 Dプール… 『思考の回転技』 "ろ過器ローテーション休止"でベースカット

ろ過器の目詰まりを防ぐ妙案！

　このプールの特徴は，浜辺と錯覚してしまうほどのなぎさで，海のように打ち寄せる波と遊べるプールである．約200 mのなぎさは，日本有数の規模を誇り，プールの醍醐味を満喫できる．当プールの流水プール（**写真1**）と多目的プールのろ過器に着目した電力合理化事例を紹介する．

写真1　流水プール全景

1　現状の問題点

　事務室内には，若干古いが，高機能の電力監視装置が設置されている．電力の各種情報の表示および警報鳴動は可能だが，ほとんど使用していない．警報は鳴ることがあるそうだが，特に対応はしていない．したがって，電力管理・

ピークカット対策は何も行っていないのが実態である．メーカに依頼し，この装置が使用できるのかどうか調べてもらったが，担当者から適切な回答は得られなかった．

2 デマンド監視装置・警報盤の設置

古い監視装置の活用の可否を待っていては，計画が進まないため，新しいデマンド監視装置を管理棟事務室と監視員室に設置することとした（**写真2**）．監視員室には，さらに警報盤およびデマンド第1警報回転灯（黄色）・デマンド第2警報回転灯（赤色）を設置し，綿密な管理ができるようにした．**第1図**にデマンド第1警報，第2警報の仕組みを示す．

第1警報とは，通常の予測警報である．目標デマンド値として，契約電力より余裕をもった値を設定し，契約電力を超過しないよう監視する．デマンド値が上昇し，目標値を超えると予測されたとき，警報を発するものである．

第2警報とは，固定警報値として，管理値を設定し，契約電力を維持するためには，充分監視が必要になったことを確認し，固定警報値を突破した状態を知らせる役割を果たす．

ただし，この第1警報と第2警報は，警報の発生順位を表すものではない．この二つの警報を具備することにより，より精度の高い管理が可能となる．

事務室 デマンド監視装置

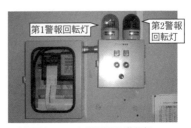
監視員室 デマンド監視装置・警報盤

写真2　新設デマンド監視装置

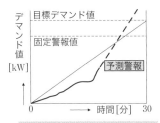
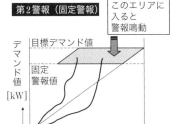

第1図 デマンド警報（第1・第2）の仕組み

3 ろ過器運転の工夫［流水プール・多目的プール］

(1) ろ過ターン数

遊泳用プール施設基準によると，「浄化の能力は，利用者のピーク時においても浄化の目的が達せられるよう設定すること．その能力は，プール本体の水の容量に循環水量を加えた全容量に対し，少なくとも1時間当たり1/6の処理能力を有することとする．夜間，浄化設備を停止するプールにあっては，少なくとも1時間当たり1/4の処理能力を有すること」となっている．当プールは営業中，24時間連続でろ過器を運転しているため，1時間当たり1/6に該当する．

すなわち24時間で4ターンすることになる．ここで，ろ過ターン数とは，1日24時間連続運転したときに，プール水量の何倍をろ過できるかを示す値である．当プールの流水プールおよび多目的プールは5ターン以上あり，充分なろ過がなされている．

第1表からわかるように，当プールにおいては各プールとも，ほかのプール

第12章 Dプール…『思考の回転技』"ろ過器ローテーション休止"でベースカット

第1表 各プールろ過装置ターン数

	Aプール	Bプール	Cプール	Dプール
スライダープール	4.7	11.7	ベンチャー 22.0 直線 8.6	—
造波プール	4.11	7.14	6.91	8.96
変形プール	大形 4.02 小形 4.74	4.24	—	—
多目的プール	—	—	4.03	5.66
幼児プール	6.43	12.4	15.2	19.2
チビッコプール	—	—	11.9	—
もぐりプール	—	24	—	—
飛び込みプール	—	—	15.8	—
流水プール	4.12	4.2	3.9	5.72
ジェットプール	—	26	—	—

先輩: これが4プールにある各プールのろ過ターン数よ

後輩: このDプールが一番余裕があることがわかりますね

施設よりろ過ターン数に、充分な余裕がある.

(2) ローテーション休止の考案

　当プールには、造波プールとして、さざ波A（45 kW）とさざ波B（90 kW）があるが、特に造波が売り物であるため、電力合理化に関しては、1年目はあえて手をつけなかった．代わりに、流水プールと多目的プールのろ過ターン数に余裕があることに着眼し、各プールに3基ずつあるろ過器（**写真3**）を営業中（8:00〜19:00）1基休止することを考えた．ただし、ろ過器は、1基を

写真3　流水プールろ過器（3基）

固定して休止し続けると目詰まりを起こす可能性があるため，**第2図**のように，1日ごとに3基をローテーション休止する回路を構成した．ピークカットは，2プール・2基合計で30 kWである．

【ろ過器1基停止可能の根拠】

流水プール容量　1 258 m^3

ろ過能力　100 m^3/h×3基

ターン数　5.72ターン

（営業時1基停止すると，4.85ターン）

多目的プール容量　1 273 m^3

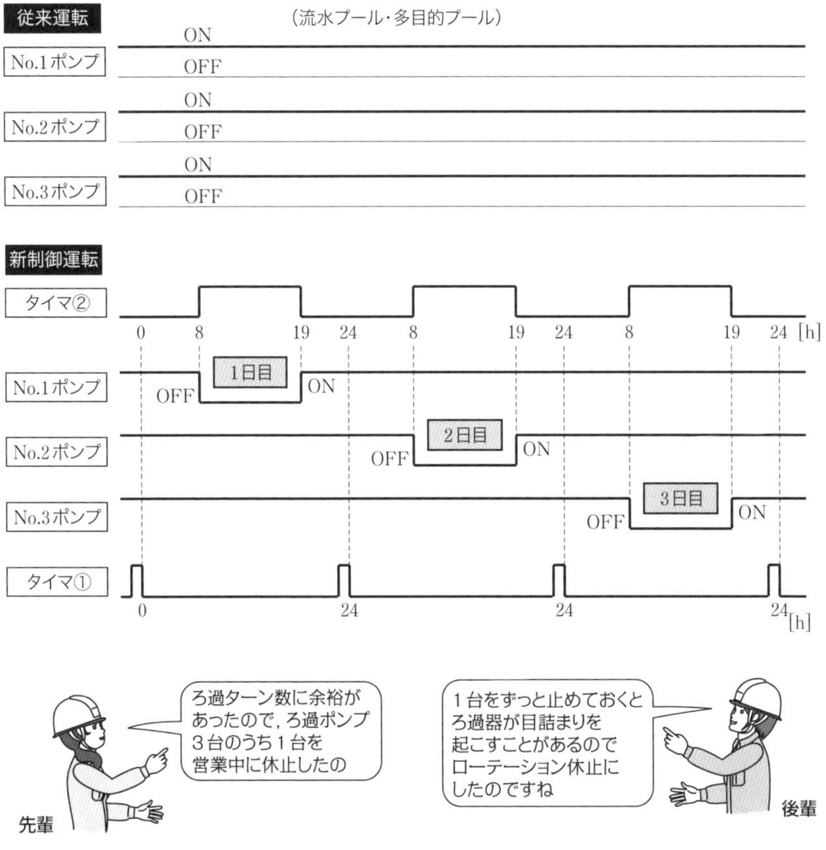

第2図　ろ過器運転制御（ローテーション休止運転）

― 155 ―

第12章　Dプール…『思考の回転技』"ろ過器ローテーション休止"でベースカット

　　ろ過能力　　100 m³/h×3基

　　ターン数　5.66ターン

　　（営業時1基停止すると，4.79ターン）

いずれも基準値の4ターン以上を満たしている．

　この考えは，現地職員とのブレーンストーミングのなかで出てきた意見である．プールのシステムに精通している職員は，ろ過器の浄化能力が過大ではないかということに，以前から気づいていたのかもしれない．しかしわかっていても，電力合理化という視点では考えていなかった．また，実際考えていても，実行していなかったということである．バブル期の勢いがなくなった現在においては，考えるだけではダメで，その妙案を行動に移すことが求められている．また，発想を変えて，考えを頭のなかで揺さぶり，回転（ローテーション）してみることも一案である．いわば，「思考の回転技」である．

(3)　タイマとリレーを駆使して実現

　ろ過器3基のローテーション休止を具現化するために，ろ過器制御盤（写真4）内にタイマとリレーを組み込んだ（写真5）．第3図のシーケンス回路を構成したので解説する．TM1（24時間タイマステッピング切換用）により，ろ過ポンプ（No.1，No.2，No.3）切換え（1日スパン）の選択を繰り返す．この

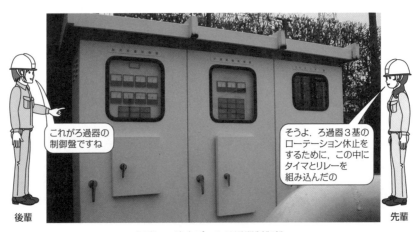

写真4　流水プールろ過器制御盤

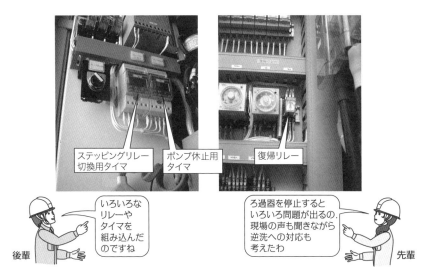

写真5　流水プールろ過器制御用タイマ・リレー

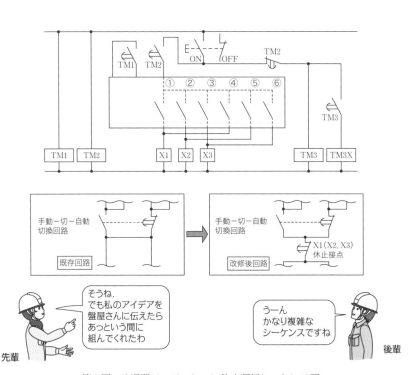

第3図　ろ過器ローテーション休止運転シーケンス図

― 157 ―

信号により接点（TM1）が動作し，ステッピングリレーが切り換わり，休止するろ過器へ信号を送る．リレー（X1，X2，X3）がそれぞれろ過ポンプNo.1，No.2，No.3に対応している．なお，ステッピングリレーは3接点で足りるが，最低6接点の製品しかないので，①と④，②と⑤，③と⑥をそれぞれ組み合わせて結線した．また，ろ過ポンプの休止時間（8:00〜19:00）をセットするためにTM2を取り付け，その接点（TM2）が，ろ過ポンプを休止するための信号を送る．

　また，プール営業が1日終わると，翌日の運転に備え，一時停止していたろ過器を正常に稼働させるために，逆洗が必要となる．このような意見が現場から出てきたので，休止回路を一時，復帰させるためのタイマTM3とリレー（TM3X）を設けることとした．この細やかな回路の具現化は，盤メーカM氏の頭脳と知恵なくしては，成し得なかった．なお，逆洗とは，目詰まりを起こしたろ材（主にろ過砂）に対し，水の流れを逆にし，ろ材を洗浄し汚れた水を排出することを指す．

⑷　プール水の水質管理

　ろ過器のローテーション休止運転で，注意したのが水質管理である．特に，ろ過器が目詰まりを起こさないよう配慮した．ろ過装置を運転していると，プール水中の汚濁質がろ過層に捕捉されて次第に目詰まりを起こしてくる．目詰まりが進行するに伴って，ろ過抵抗が増すので，同じように運転していても，ろ過によって浄化されるプール水量は減少してくる．

　プール水中の汚濁物質の量は，人が遊泳している間に次第に増加してくるため，これをろ過によって除去するのが循環浄化の目的である．しかし，プール水を一部分ずつ循環し，ろ過しているので，一度増加した汚濁物質を除去するには相当の時間がかかる．ろ過層のろ過抵抗が増加すれば，同一時間に浄化できる水量は減ることになる．浄化に必要な時間が延長し，それだけ機能が低下したことになる．

　ろ過ターン数は，ろ過槽が目詰まりを起こしていない状態での能力を示したものである．したがって，水の汚れにより目詰まりが増加するに伴って，ろ過

される速度が低下し，浄化に必要な時間が長くなることに注意しなければならない．適切なタイミングでろ過層を逆洗して，洗浄する必要がある．

このようなろ過器の構造を踏まえて，停止中のろ過器を含め逆洗などを行うことにより，水質の維持に留意した．

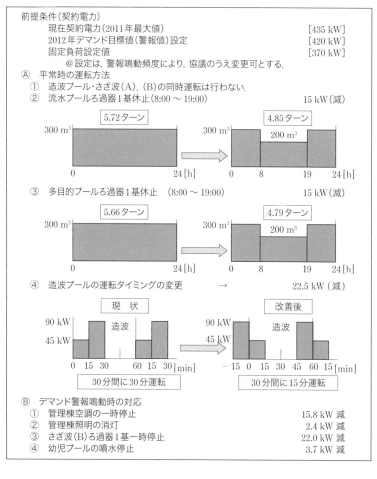

第4図 Dプール 電力ピーク時運転マニュアル［抜粋］

4　Dプール 電力ピーク時運転マニュアルの作成

　当プールの実態に合わせてつくったマニュアルが**第4図**である．Ⓐ平常時の運転方法として，①造波プールのさざ波（A）（B）の同時運転は行わないこと．②プール営業中，流水プールと多目的プールのろ過器を1基休止する．③造波プールの運転タイミングの変更を盛り込んだ．Ⓑデマンド警報鳴動時の対応として，①管理棟空調の一時停止．②管理棟照明の消灯．③さざ波（B）ろ過器1基を一時停止．④最悪の場合，幼児プールの噴水停止とした．

　マニュアルはあくまで「その時点での標準的な手順」としての位置付けであり，マニュアルをよりよいものに進化させていくことが求められる．ちなみに，A〜Dプールのマニュアルは，1年目の反省点とさらなる改善を盛り込んで，2年目に改訂したものである．

5　造波プール運転タイムシフト

　ほかのプール施設でも実施した造波プールのタイムシフトを，当プールの造波プール（**写真6**）でも2年目に，**第5図**の方法で試みた．45 kWと90 kWを30分間のなかで運転していたが，これを図のように基準時刻をまたいで15分ずつ運転することにした．これにより，ピークは22.5 kW削減できるはずである．当プールの造波プールはタイマで運転時間と休止時間が設定され，朝一番でONにすれば，自動運転するシステムとなっている．ONの時刻を間違わなければ，計画どおりいくとの話であったため，タイマによる自動ONを考えたが見送りにした．

　結果は思うように出なかった．その原因を探った．タイマ制御を行っているBプール（第10章）のように，どの時刻にONしても，ピークカットの原理が変わらないパターンとは違う．後で聞き取りを行うと，造波プールが売り物のこのプールでは，突発的なことで一時停止しても再投入が行われることもあるそうだ．このプールのタイム管理はむずかしいことがわかった．造波のタイムシフトには，現場ではもともと消極的で難色を示しており，現場との齟齬があっ

造波プール全景

造波ブロワ

造波タイマ

写真6　造波プール機器

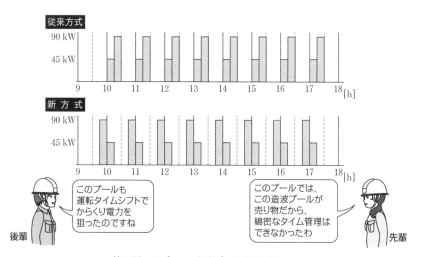

第5図　Dプール 造波プール運転パターン

た．このプールには独自のスタイルがあり，これを崩すことは容易ではない．このような状況から，筆者もあえて深入りはしなかった．この遠慮が失敗につながった．

よくよく考えると，この手法はこのプールの場合，顧客サービスの観点から禁じ手であったわけだ．サービスの低下をまねく電力合理化は，真の意味の合理化とはいえないことを肝に銘じた．

6 総 括

(1) 流水プールろ過システム図【図解1】

　プールから排出された水は，ろ過器に送られる．ろ過器は3基あり，連通管を通してろ過ポンプにより各ろ過器の上部へ送られ，ろ過器内へ入る．通常は砂ろ過であり，砂の粒子を通過することにより清水となり，再びプールへ送出される．この循環を常時繰り返している．

(2) ろ過器ローテーション休止運転イメージ図【図解2】

　流水プールと多目的プールのろ過器は，各3基ずつある．図解2では，この3基のうち，休止するろ過器を24時間ごとに，No.1，No.2，No.3へとローテーションしながら，切り換えていく様子を示した．休止中のろ過器の目詰まりを

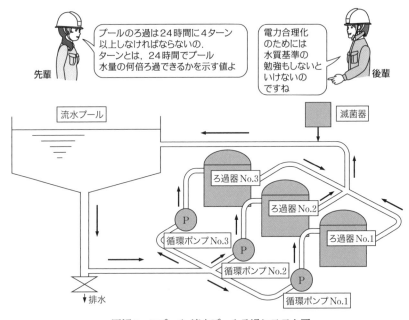

図解1　Dプール 流水プールろ過システム図

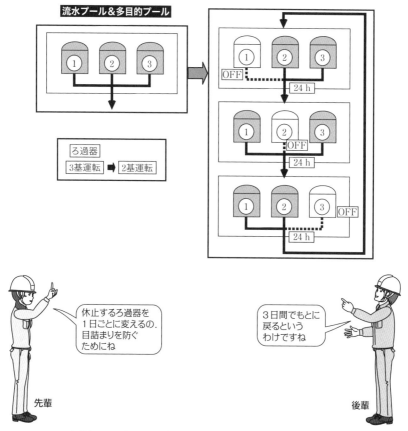

図解2　Dプール　ろ過器ローテーション休止運転イメージ図

防ぐことがポイントとなる．

(3) 配置図および電力合理化対策図【図解3】

　図の下に，デマンド監視装置の設置を示す．管理棟に1台，監視員室に1台設置した．監視員室のデマンド監視装置横には，警報盤を設置し，第1警報を発する黄色回転灯，第2警報を発する赤色回転灯を取り付けた．

　図の右には，流水プールと多目的プールの各ろ過器3基をローテーション休止するために，ステッピングリレーなどを各制御盤内に取り付けた状況を示す．図の左には，造波プール（さざ波A・さざ波B）のタイムシフトのために，造波機械室内の制御盤にあるタイマの設定変更を行ったことを示す．

第12章 Ｄプール…『思考の回転技』"ろ過器ローテーション休止"でベースカット

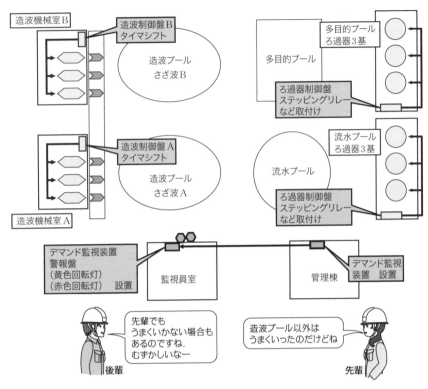

図解3 Ｄプール 配置図・電力合理化対策図

7 考 察

造波プールのタイムシフトの失敗以外は，予測どおりの成果をあげることができた．

上述したとおり，ろ過器に余裕のある設計をしていたことは，バブル期の発想かもしれない．過去を否定するわけではないが，現在の経済情勢をみきわめ，最適な運転とするべきと考える．

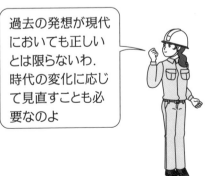

第13章 プールの効果検証
…仕掛けた技の数値確認

4プールで毎年16 400 000円の削減達成
仮説・検証の繰返しで,よりベストなシステムへ

　仮説を立て,計画し実施したことは,その効果がどのようになっているか,その検証が不可欠である.なぜなら,その結果がさらなる改善への礎となるからである.プールに仕掛けた技が成功していることを祈りながら,作業を進めていく.ここでは,実施と並行して進めた検証のプロセスを辿っていくことにする.

1　実　施

(1)　電力ピーク時運転マニュアルの周知徹底（2011.7）

　プールオープンを前にして,各プールを巡りマニュアルに基づいた管理をめざし,プール職員および現場管理員に周知徹底した.マニュアルは,あくまでも計画により定めたものであり,皆初めての経験であるので,とりあえず試行してみるというスタンスで臨んだ.状況によっては,計画の変更もありうる旨を伝えた.目標達成に向けた,2か月にわたる挑戦がここに始まった.

(2)　デマンド監視状況速報の発行・マニュアルの逐次訂正

　計画は綿密に立てたつもりではあるが,やはり実際プールオープンを迎えると,緊張が高まる.現場に張り付き,状況の観察,夕刻に各プールからの状況の聞き取り,最大値がどこまで上がったかを中心に情報収集を行った.目標デマンド値から余裕度を算出し,一方で気温,入場者による電力増減も視野に入れて調査した.

第13章 プールの効果検証…仕掛けた技の数値確認

そこで，デマンド監視状況速報（第1表）の発行を考え，関係者に状況を周知することとした．初日から2日間，意外にも警報は鳴らず一瞬安堵した．3日目，気温の上昇や入場者の増加に伴い，一転して警報は頻発した．そこで即座に設定の見直しを行い，目標デマンド値，固定負荷設定値を再検討して変更を実施した．第1表は，2011年7月22日，気温36℃を超える猛暑の1日の記録である．私は，Cプールの事務室に張り付いて状況を監視していた．大波運転

第1表　4プールデマンド監視状況速報（2011年7月22日）　vol.8

単位[kW]　最高気温36.5℃

	予測デマンド値A	目標デマンド値B	固定負荷設定値	最大値 C	余裕度1 B-C	余裕度2 A-C	気温 [℃]	入場者数[人]	設備稼働状況および今後の見通し
Aプール	460	460	370	(13:00〜13:30) 434	26	26	36.0	9 415	・警報鳴らず． ・子供プール濾過器（15 kW×1）目詰まりのため，営業中停止．（本日夜間，逆洗実施予定） ・15:00強風のため，中央噴水停止．（約1.5 h）（余裕度26 kW）
Bプール	490	480	360	(12:30〜13:00) 469	11	21	35.5	17 675	・警報3回鳴動．①12:40②13:35③14:10 ・フル稼働運転実施．（余裕度11 kW） ・発電機は正常運転．
Cプール	530	500	400	497	3	33	36.5	12 703	・警報鳴動．（14:53大波運転時） ・造波運転時，造波濾過器停止を忘れたのが原因．（デマンド目標値に収める緊急対応に苦慮した．）（余裕度3 kW） ・デマンド特性データ計測実施．データを分析して今後の管理に活用したい．
Dプール	460	460	370	435	25	25	35.0	6 117	・警報鳴らず． ・フル運転実施．（余裕度25 kW） ・造波プール（さざなみA15分，さざなみB15分，30分休止を8サイクル） ・デマンド値が上がったのは，猛暑による売店等の影響か？
計	1 940	1 900	1 500	1 835	65	105		45 910	

・本日は各プールとも総じて，デマンド管理が厳しい状況であった．気温の上昇・入場者数の増大による売店などの稼働の影響が要因か？

計画実施の様子を関係者に知らせるためにこんなデマンド監視状況速報の発行を考えたの

先輩

うーん，こうすれば情報の共有ができますね

後輩

時，14:53，30分デマンド終了近くに警報が鳴動した．15:00までに，あと7分しかない．とっさに自分でつくったマニュアルが言葉になって出た．「空調を止めて，照明も消して，アルバイト控室も……．」15:00，間一髪やっとの思いで，497 kWで収めることができた．この値が，この夏の当プールの最大値であった．造波プール稼働時には，ろ過器を手動停止していたが，このときは，たまたま停止するのを忘れたことが原因であった．まさに綱渡りの状況であった．このことは，翌年のろ過器デマンドカット工事（第11章）で解決された．

　速報発行10回で，現場管理員も対応の仕方に習熟し，デマンド変化の傾向も把握でき，警報を発することはほとんどなくなった．そして，各プールすべて予測デマンド値を超えることなく，プール営業を終了し，当初の目的はひとまず達成された．

2　効果検証

(1)　デマンド変化状況の読取り

　今回，デマンド監視装置を研究して原理は理解できたが，それでは，実際にデマンド予測値は，刻々と変化しているだろうが，果たしてどんな動きをしているのか知りたい欲望に駆られた．そこで考えた末，1分ごとにデマンド値を

写真1　1分ごとに読み取ったデマンド監視装置

第13章 プールの効果検証…仕掛けた技の数値確認

読んで記録すれば，その様子が見えるのではないかと考えた（**写真1**）．それも造波機器（**写真2**）稼働時に大きく変化するだろう．設定時間を3～4時間とし，1分ごとの記録をとることに決定し，高温の日を選んで4プールについて実施したのが，**第1図**である．もし精密なモニタでもあればこんなことはしなくてもよいはずだが，いまある設備で行うには，この方法しかない．結果のグラフをイメージしながら，3～4時間のデマンド注視に耐えた．気の遠くなるような1分刻みの作業であったが，成果のグラフ化を考えながら行うと，時の経つのは意外と早く感じられた．

造波プール

造波機器

写真2　造波プール設備

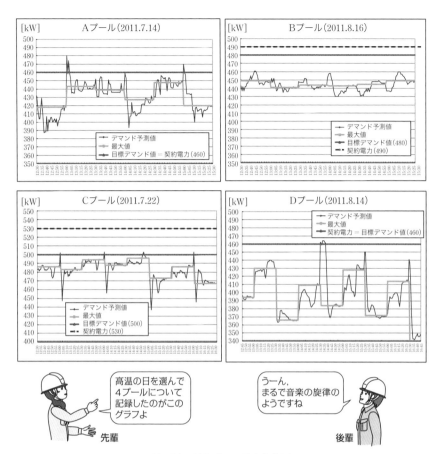

第1図 電力デマンド変化状況

　第1図から，Aプールでは，暫定契約値460 kW（目標デマンド値460 kW）に対し，造波プール運転時に一時的にそれを超えることもあるが，30分デマンドでは，最大値が460 kW以内に収まっていることがわかる．

　Bプールでは，暫定契約値490 kW，目標デマンド値480 kWに対し，造波プール機器容量が小さいこともあり，デマンド予測値の動きに大きな波はなく，安定した様子がうかがえる．

　Cプールでは，協議契約値530 kW，目標デマンド値500 kWに対し，やはり造波プール機器運転時に大きな変化がみられ，たまたま計測時はまさに猛暑であり，当公園のシーズン最大値497 kWを記録したが，なんとか500 kW未満を

第13章 プールの効果検証…仕掛けた技の数値確認

死守した．このことが，協議契約から実量制契約への変更を可能とした要因である．

Dプールでは，契約値460 kW（目標デマンド値460 kW）に対し，造波プー

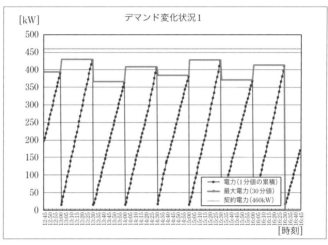

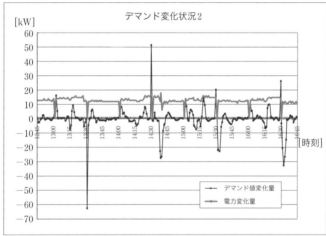

第2図　D-プール 電力デマンド変化状況［2011.8.14］

ル機器容量が大きいこともあり，デマンド予測値は極端に大きな変化を示しているが，30分デマンドで捉えると，最大値は460 kW以内に収まっている．

一方，**第2図**はDプールのデマンド変化状況である．上図は，電力の1分値が30分のなかで時間に比例的に上昇している状況を示している．90 kWの造波機器稼働時に，もっと変化するのかと予測していたが，1分間では大きな変化を示さない．下図では，デマンド値変化量と電力変化量の関係を探ってみた．造波機器稼働時にデマンド値は大きく変化するが，やはり1分間の電力の変化量は微々たるものである．これらの傾向は，ほかのプールも同様であった．

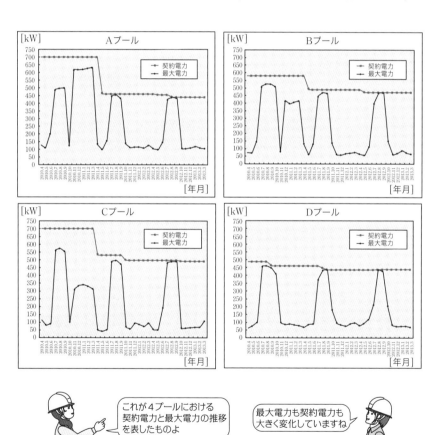

第3図　契約電力と最大電力の低減推移

(2) 契約電力と最大電力の低減効果

　2010年4月から2013年3月まで，契約電力と最大電力の推移をまとめると，第3図のようになる．A-プールについては，700 kWあった契約電力が暫定契約で460 kWになり，2012年5月，前年の夏の最大値454 kWに変更された．さらなる電力合理化により，8月には439 kWに低減した．Bプールについては，

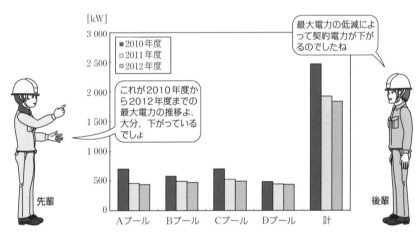

第4図　4プールの最大電力推移

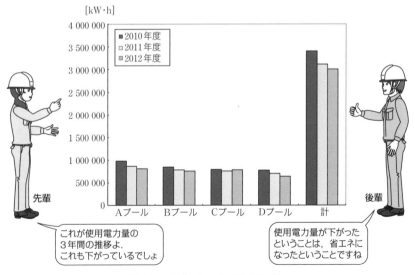

第5図　4プールの使用電力量推移

580 kWの契約電力が暫定契約値490 kWを下回ったので，470 kWとなった．Cプールでは，契約電力700 kWから協議契約530 kWを経て，最大値が500 kWを下回り，497 kWに収まったため，実量制契約となった意義は大きい．Dプールはもともと実量制契約であったが，対策前の488 kWから460 kWを経て435 kWへと低減した．

また，**第4図**のとおり，契約電力は2012年度は，2010年度に比して総計630 kWの減，使用電力量は，**第5図**のとおり，約400 000 kW・h削減された．

(3) ピーク負荷とベース負荷の関係図

第6図に示すとおり，各プールでベース負荷は約300 kWで一定している．ピーク負荷は200 kW前後で変動していることがわかる．本計画の効果を図に示し

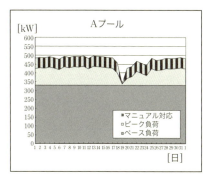
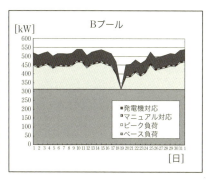
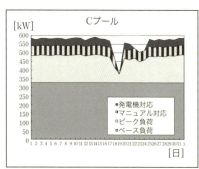
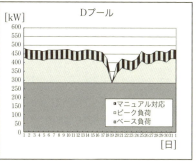

第6図　夏季ピーク負荷・ベース負荷の関係図（2012年8月）

てある。すなわち，B・Cプールの先端の濃い部分が，発電機対応によるカット部分である。各プールの上部先端ハッチ部分が，運転マニュアル対応によるカット部分である。横軸に日（時間），縦軸に最大電力を設定しているので，この部分の積分値（正確には横軸の1日の時間として約8時間相当分）が削減電力量を示すことになる。

なお，ピーク負荷がゼロに近い日は，台風による休園日で，プール機器を停止していたためである。検証しながら気づいたのは，当初考えていなかったピークカット時間に相当する電力量の削減という効果があったことである。これも思いがけない効果として確認することができた。結果は下記に示すとおり，当初の目標を大幅に上回る成果が得られた。

(4) 契約メニュー変更による効果

A・Bプールの業務用季節別時間帯別電力への変更による効果を算出した結果が，**第7図**である。2プール合わせて 約2 580 000 円である。なお変更契約

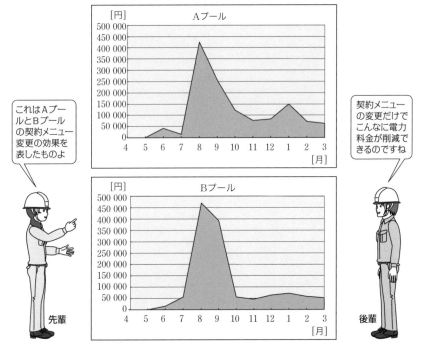

第7図　業務用季節別時間帯別電力移行による影響額の推移

が成立したのは，5月であるため効果が出始めたのは6月からであり，実際はこれ以上の効果があったものと推定される．ピーク時間，昼間時間，夜間時間を分析し，この契約に変更しなかった場合の金額を逆算して求めて比較した．

ほかの施設も含めて考えると，季節営業型・年間営業型・開放公園型・スポット営業型に分類できる．契約種別をこの施設タイプ別に分類して，その効果要因を推定すると，**第2表**のようになる．

第2表 契約種別（施設タイプ別）と効果要因

契約種別	タイプ	事業所名	例外	総合単価 [円/kW·h]	効果要因
季節別時間帯別型	季節営業型	Aプール		24.79	夏季プールろ過器稼働（夜間効果）
		Bプール		26.59	夏季プールろ過器稼働（夜間効果）
		Cプール	適用効果なし	29.33	原因［総合単価 高・電力格差 大］
		Dプール	休日高負荷型	28.11	夏季大形造波プール稼働（休日効果）
休日高負荷型	年間営業型	K動物園		21.37	こどもの城空調など（休日効果）
		S水族館	季節別時間帯別型	19.50	年間冷凍機稼働（魚用冷水）夜間効果
	開放公園型	K公園		28.25	年間噴水稼働
		O公園	季節別時間帯別型	21.62	年間深夜外灯点灯（夜間効果）
		T公園		21.01	年間噴水稼働
		S公園		23.27	年間噴水稼働
	スポット営業型	Aアリーナ		24.82	休日アリーナ照明点灯
		Kラグビー場		26.24	休日室内空調稼働

各施設をタイプ別に分類してみたの

先輩

契約種別による効果要因もよくわかりますね

後輩

第3表 最大電力・使用電力量と原単位の変化（4プール合計）

	2010年度	2011年度	2012年度
最大電力[kW]	2 064	1 856	1 838
使用電力量[kW·h]	3 404 362	3 112 386	3 003 708
プール面積[m²]	45 540	45 540	45 727
原単位1[kW/m²]	0.045	0.041	0.040
上記比率(2010年基準)	100 %	91.1 %	88.9 %
原単位2[kW·h/m²]	74.8	68.3	65.7
上記比率(2010年基準)	100 %	91.3 %	87.8 %

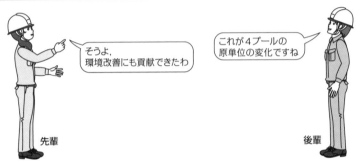

(5) 電力原単位の変化・環境影響評価

4プールについて，2010年度から2012年度までの，最大電力および使用電力量ならびに原単位の推移を示したのが**第3表**である．2012年度は2010年度と比較して，最大電力は11.1 %低減している．また，使用電力量は12.2 %減少している．環境影響データを示したのが**第4表**である．CO_2発生量に関しては，154 tの削減を達成していることがわかる．

第4表 環境影響データ（4プール合計）

	2010年度	2011年度	2012年度
CO_2発生量 [トン]	1 307	1 195	1 153
CO_2削減量 [トン]	－	112	154

(6) 電力格差と総合単価の相関関係

最大電力と最小電力の格差（最大電力を最小電力で割った値）および基本料金も加味した総合単価[円/(kW·h)]を指標として，各施設について分析すると，**第8図**のとおりである．プール施設は季節短期営業型のため，電力格差が大きく，総合単価も必然的に高く電力の使用効率が悪い．それに対し安定的に電力

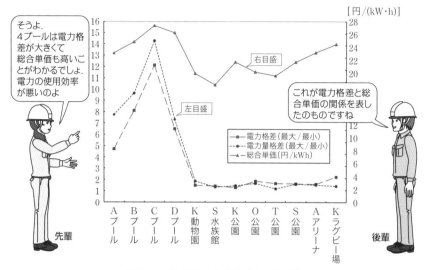

第8図 電力格差と総合単価の相関関係

を使用するほかの施設は，電力格差も小さく総合単価も低い．電力量の格差についても，同様な傾向を示している．電力の平準化が総合単価の低減に大きくかかわることが明白である．

3 総括・補足説明

(1) 電力コスト削減効果

今回の2年間の計画実施で，投資した費用は，デマンド監視装置を含むタイム管理システム工事で，4 970 000円，発電機改造工事で10 130 000円，合計15 100 000円である．一方，これによる電力料金削減額は，スケートを実施しなかったと仮定した額と比較して，1年目で13 450 000円，2年目でさらに2 990 000円，合計16 440 000円である．この料金が毎年削減できることになる．削減率は18.3％に相当する．したがって，0.92年で投資額を回収したことになる．

この電力合理化工事は，改善のために創出された工事であり，企業においては，ビジネスチャンスとなる．今後の経営には，このような合理化を武器とした提案型ビジネスが，戦略の一手法となると考える．そのためには，仕入れた

第13章 プールの効果検証…仕掛けた技の数値確認

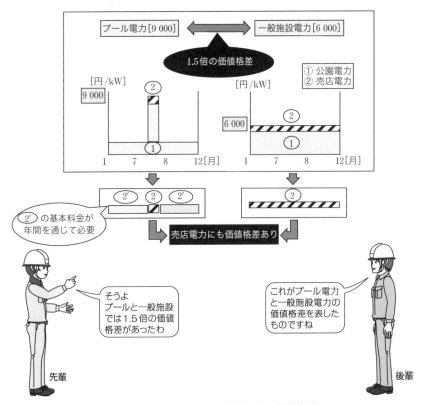

図解1 プール電力と一般施設電力の価値格差

情報をいかに自分のビジネスなどに関連づけて考えられるかが重要である．ものごとを分析し，仮説を立て，常に検討する習慣が大切である．社会情勢激変の現代では，発想力の豊かな人材が求められている．

収集した知識のみで仕事をする人を「知識人間」と称するならば，その知識に自らのアイデアを織り交ぜ，かき回して，新しい価値を創造する人は「知恵人間」であり，現代のビジネスには不可欠な存在である．

(2) プールと一般施設の電力価値格差【図解1】

電力の価値を[円/kW]で表す．すなわち，契約電力1 kW当たりの電気料金がいくらかという指標をつくってみた．この値が大きいほど電力の価値が高いことになる．一般施設電力はこの値が安定しているが，プール電力は季節格差

— 178 —

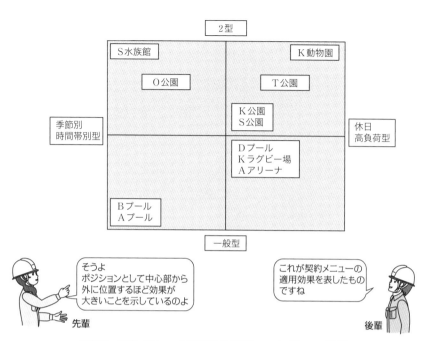

図解2　契約メニュー適用効果のポジショニングマップ分析

が大きい．図解1からプール電力と一般施設電力では，1.5倍の価値格差があることがわかる．公園内の売店電力について考えてみると，プール電力は，一般施設電力の1.5倍の価値があることになる．売店に電力を貸す側のプールにとっては，7，8月（2か月）はピークにかかわる価値の高い電力（言い方を変えれば割高な電力）であり，その他10か月は売店を使用しなくても，無駄な基本料金としてプールで賄わなければならない．各施設では，売店に営業許可を行っているが，この電気料金の徴収は，売上高の数％に一律設定しており，経営的視点から眺めると正しいとはいえない．格差を反映させるべきである．ちなみに，このことがわかってから，各売店に電力量計を設置し，実量制の徴収に変更して経営の合理化を図った．

(3)　ポジショニングマップ分析【図解2】

契約種別適用効果をポジショニングマップ分析すると，図解2のとおりである．横軸左に季節別時間帯別型・右に休日高負荷型，縦軸下に一般型，上に2

第13章 プールの効果検証…仕掛けた技の数値確認

型をとる．中心部から外に位置するほど，その効果が大きいことを示している．たとえば，Ｓ水族館（第5章）は，季節別時間帯別電力2型の効果が大きく，Ｋ動物園は休日高負荷電力2型の効果が大きい．

4 考　察

今日まで数十年，電力に関しては，ほとんど管理はなされていなかったのが実状であった．電力コスト削減というテーマを具現化し，実施して検証することによりずいぶん無駄があったように感じた．財政難の折，電力の綿密な管理により貢献できるものは大である．

仮説を立て試行した後に検証して,その成果を数値として確認することがさらなる進歩につながるのよ

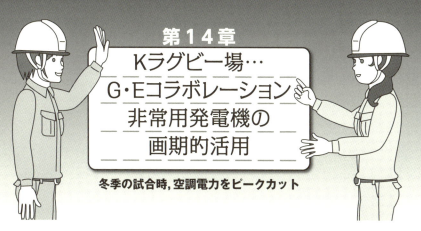

第14章 Kラグビー場… G・Eコラボレーション 非常用発電機の画期的活用

冬季の試合時，空調電力をピークカット

　A・B・C，3面のラグビーグラウンドがあり，トップリーグや大学リーグ，全国高校選抜をはじめ数々の筋書きのないドラマが繰り広げられる．ラグビーは主に，秋季から冬季に試合が組まれる（**写真1・2**）．したがって競技場館内は暖房の時期にあたる．この空調ピーク電力の平準化に画期的な手法を取り入れた事例を紹介する．

写真1　ラグビー場

― 181 ―

第14章 Kラグビー場…G・Eコラボレーション 非常用発電機の画期的活用

写真2 ラグビー試合風景

1 データ分析[机上分析と現地調査]

(1) 365日の分析

現地には，古いパソコンデータが何年分も残されていた．貴重なデータがあるのに活用された形跡はない．早速2012年のデータ365日を拾い出し分析を開始した．結果は**第1図**のとおりである．試合のない通常の日は40～60 kWである．ピークは最大でも100 kWであり，90 kW以上の日は10日にも満たないことがわかる．80 kW以上の日が，試合時に出たピークである．

(2) 試合時の分析

では，試合の日，1日の間でどのように電力が使用されているのか，2012年の月間電力最大日の日負荷状況をグラフ化してみた．**第2図**からわかるように，1日のなかでも10時から16時の間，6時間程度のピークである．80 kWを超える試合時のピークは，たった6時間程度なのである．現地で聞き取りを行うと，試合は通常1日2回行われ，それも秋季から冬季に集中しており，ピークの要因は館内の空調機（暖房）（**写真3**）であることがわかった．

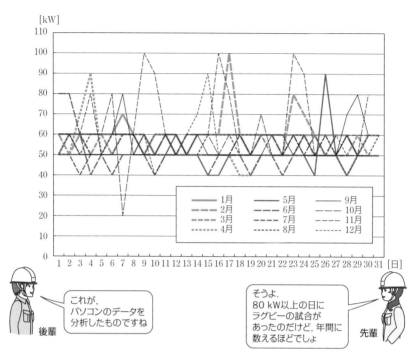

第1図 最大電力の推移 [2012年]

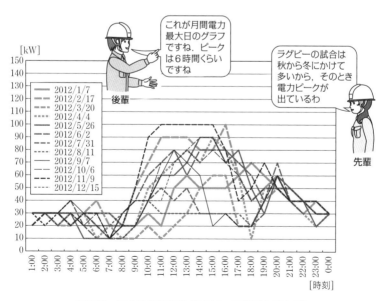

第2図 電力日負荷曲線 [2012 月間電力最大日]

写真3　館内空調屋外機

2　ピークカット対策

　現地には，任意設置の防災用発電機（3φ200 V　105 kV・A）と消防法に基づく非常用発電機（3φ200 V　130 kV・A）（**写真4**）が存在する．はじめにいままでやってきた実績のある防災用発電機の活用を検討したが，空調機から遠い場所に設置されているため，費用がかさむ．そこで，初めての試みとして，後者の非常用発電機の活用について検討することにした．

写真4　非常用発電機（130〔kV・A〕）

3　非常用発電機活用計画

(1)　仕　様

　　　3φ 200 V 130 kV・A　即時普通型

　　　燃料タンク内蔵　A重油95 L

（現在の接続負荷）消防法に基づく負荷

消火栓・中央監視盤・エレベータ・直流電源装置

(2) 新たな適用負荷

室内空調（審判室・役員室・記録室・会議室）

（P1－2）3φ 200 V

18.75 kW×2＝37.5 kW

14.95 kW×2＝29.9 kW

主として冬季暖房時，大きな大会開催時，4～5時間運転（年間10～14日予測稼働時間…約70時間）

(3) 具体策

① 発電機の運転（70時間）は実負荷試験と位置づけ，改造はA重油タンク（1 000 L）との接続，エンジンオイル・エレメントの長時間対応型への交換とする．また，エンジンオイルタンクは，別置き形とし発電機への配管を行う（**写真5**）．

② 少量危険物届をK消防署へ提出する．

③ 発電機運転時（空調稼働時）に火災・停電が発生した場合は本来の消防負荷へ自動切換できるよう，切換盤をキュービクル内に設置する（**第3図・写真6**参照）．

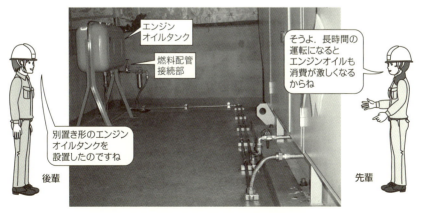

写真5　エンジンオイルタンク・燃料配管設置状況

④ 発電機運転は事業所職員が行い，非常時の訓練としても位置づける．
⑤ 工事の実施は冬季前（11月下旬まで）が効果的である．

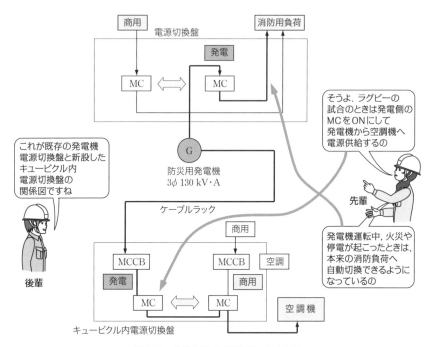

第3図　非常用発電機活用システム図

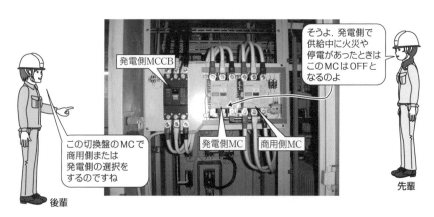

写真6　キュービクル内電源切換盤

(4) 費用対効果

  Ⓐ　年間電力削減費　668 000 円

  Ⓑ　改修工事費　1 499 000 円

  Ⓑ/Ⓐ＝2.24年

(5) 問題点

① 事　例

　消防用負荷に接続されている非常用発電機を，一時ほかの用途に使用した事例はない．したがって，予期せぬ事態も想定しておかなければならない．あらかじめ負荷を実際に起動させて試験を実施して，データをとり検証をする．その後必要な改造を行う．

② K消防署との打合せ（2013.10）

　予防事務審査・検査基準（東京消防庁監修）によると，消防用設備への電力供給に支障を与えない容量であれば，非常用発電機を一般負荷と共用してよい．

③ 燃料配管の接続

　当発電機は，即時普通型であるため，内蔵燃料タンク容量が95 Lしかない

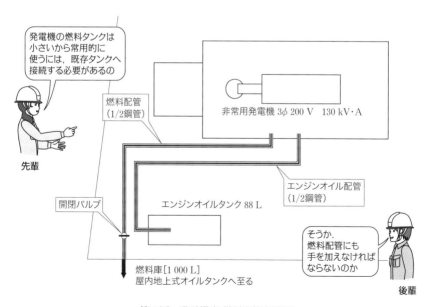

第4図　発電機室 燃料配管布設図

ため，既存タンク（A重油1 000 L）への接続が必要である（第4図参照）．

④ **既存防災用発電機（105 kV·A）の利用についての検討**

発電機から空調負荷までの距離が長いため，工事費が3 118 000円かかる．投資額回収に4.67年かかり効率的ではない．

⑤ **第三者の意見**

一連の発電機活用を依頼したメーカの見解によれば，使用に対しての注意点を遵守すれば，問題なく使用可能である．

⑥ **結　論**

このシステムが完成し，順調に運転されれば，非常用発電機の既成概念を覆すことになり，電力合理化への応用範囲が拡大する．実践の価値は充分にあると考えられる．

4　負荷実験

2013年12月のラグビー・全国社会人大会および全国大学大会に実負荷をかけて実験を行った．

(1) **発電機負荷状況**

電力モニタを設置して30分間隔で計測した（写真7）．30 kW～45 kWの負荷がかかった．

一時的には65 kWの重い負荷がかかり，発電機の回転音が変わったようだっ

写真7　発電機運転モニタ計測状況

た．これは，試合終了後，レセプションルームを使用したため，さらに空調負荷がかかったものである．2013年12月のデータをグラフ化したのが，**第5図**である．

(2) **マニュアルによる工夫**

年間何度もないピークであるため，極力電力を抑える空調運転の工夫を以下のように行った．

① 設定温度を以前より下げる（22～23℃に設定）
② 朝の各室空調投入時刻を5～10分，時間差をおく（順次起動）
③ 不必要な室の空調をやめる
④ レセプションルーム空調時，一時的に事務室空調を止める

(3) **結 果**

① 昨年までは，館内空調について，きめ細やかな管理がなされていなかった．
② 発電機は2日間，連続8時間運転に耐えることができた．コンディションも良好である．約40 kWのピークカットが達成できた．
③ 今後も試合時に運転して，負荷試験を継続して検証したい．

(4) **対 応**

① 燃料系・配線（シーケンス）の変更について，所轄消防署に届出を行い検

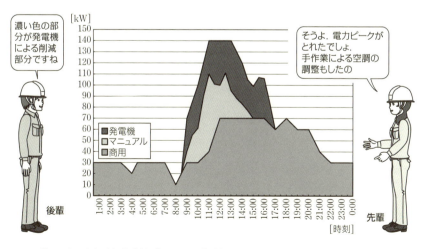

第5図　電力日負荷曲線［2013.12］（対2012.12比）電力削減イメージ図

査を受ける．
② この試みが成功すれば，県および全国レベルの非常用発電機について，応用できるものと考える．

5 消防署への提出書類

以下の書類をK消防署へ提出した．

① 全体配置図
② 非常用発電機の有効活用（6参照）
③ 非常用発電機　油脂類貯蔵・取扱届出書
④ 非常用発電機　仕様
⑤ 燃料配置図（平面図）
⑥ 燃料配置図（立面図）
⑦ 発電機回路改修配線図
⑧ 絶縁抵抗測定表
⑨ 発電機操作手順書（**第6図・写真8**参照）

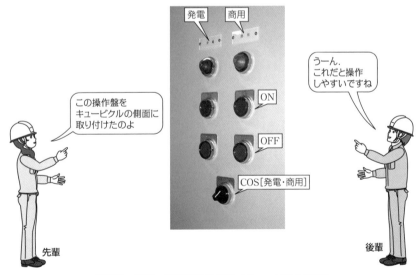

写真8　商用・発電切換操作盤（キュービクル側面）

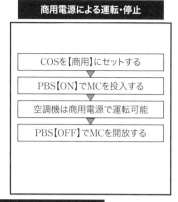

発電機電源による運転・停止	商用電源による運転・停止
発電機を手動で起動する	COSを【商用】にセットする
COSを【発電】にセットする	PBS【ON】でMCを投入する
PBS【ON】でMCを投入する	空調機は商用電源で運転可能
空調機は発電機電源で運転可能	PBS【OFF】でMCを開放する
PBS【OFF】でMCを開放する	
発電機を手動で停止する	
発電機を自動側にセットする	

発電機による運転中に，商用側が停電になったとき
- 発電機は運転を続ける
- 投入されていたMCは開放される

商用側が復電したとき
- 発電機は手動で起動しているため，手動で停止をする
- 停止後は発電機を自動側にセットする

第6図　発電機電源・商用電源切換マニュアル

6　非常用発電機の有効活用

[K消防署へ提出した筆者の理念]

① 非常用発電機の点検は，2週間に10分程度のメンテナンス運転あるいは月1回の無負荷運転である．

② 実負荷運転ではないので，自動車でいえばエンジンの空転を行っているのと同様である．タンクの燃料消費も微々たるもので，残量は劣化する．

③　実負荷運転を日ごろしていないために，故障が頻発し，修理に多額の費用を要する．

④　このような状態では，いざ火災のときに正常動作するかどうか疑問である．実負荷運転をしていないがためのデメリットが大きいと考えられる．

⑤　非常用発電機は，年間500時間運転可能である（メーカ保証値）．

⑥　回転機器は，常日頃運転をしていて，正常な機能を発揮する．

⑦　非常用発電機についても同様なことであり，メーカ保証値の範囲で作動させたい．

⑧　短時間の電力ピーク時に運転し，電力コスト削減を図る（資源の有効利用）．

⑨　万一，運転中に火災による停電が発生したら，その停電信号により自動的に本来の機能に復帰する回路を構成する．

⑩　電力コスト削減に取り組んでおり，阪神淡路大震災後に設置した任意の発電機については有効活用の実績があり，非常用発電機についても同様な扱いを願いたい．

⑪　いつでも稼働できるようにしておくのが，発電機本来の役割だと考える．そうでなかったら，生涯何も実力を発揮することなく，その生命を終える非常用発電機がこの世の中に多数あることかと痛感する次第である．

なお，Ｋラグビー場においては，100 kWを超える冬季の試合時に，約14日間（80～100時間）運転し，30 kW～40 kWの空調負荷を賄い電力合理化を図ることを目的とする．

7　効果検証

(1)　電力削減効果のイメージ

試合時のハード的な非常用発電機の活用とソフト的なマニュアルによる操作による，電力削減結果のイメージが第5図である．ここでマニュアル操作とは，室温の設定を必要以上に高くしないことや，複数の空調機を一度に投入せず時間差をおいて投入し突入電流を下げるなどの工夫を凝らしたものである．商用電源のデータはパソコンから入手し，発電機データは現地に設置したモニタで

計測した．したがって，第5図で残った部分がマニュアル対応部である．

(2) 契約電力低減効果

非常用発電機を空調機運転に活用した2013.12直後の，2014.1には，契約電力は141 kWから101 kWに低下し，目標とした40 kW削減を達成することができた（**第7図**参照）．

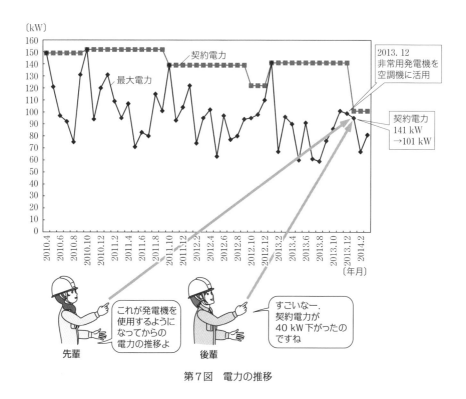

第7図　電力の推移

8　総　括

(1) G・Eコラボレーション①【図解1】

私の出したアイデアをもとにして，発電機技術（G）と電気技術（E）のコラボレーションによって，問題解決へと導くことができた．コラボレーション[collaboration]とは，二つの要素を組み合わせて新しい形のものを生み出すという意味である．発電機技術者の経験と微妙な判断，電気の盤配線技術の融

第14章　Kラグビー場…G・Eコラボレーション　非常用発電機の画期的活用

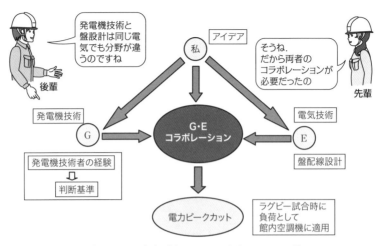

図解1　Kラグビー場　G・Eコラボレーション①

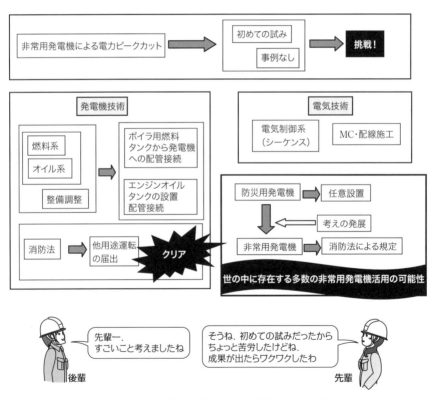

図解2　Kラグビー場　G・Eコラボレーション②

合で達成できた.

(2) G・Eコラボレーション②【図解2】

　非常用発電機による電力ピークカットは，初めての試みであり，まさしく挑戦の日々であった．この目標達成のためには，発電機技術と電気技術が不可欠であった．このコラボレーションにより，世の中に存在する多数の非常用発電機が，燃料消費量の条件つきで，活用可能であることが実証された貴重な事例である.

9　その後の展開

　消防用に絡む非常用発電機の活用が消防署で認められたということは，いままで各所で実施してきた任意の発電機活用をしてきたものと，レベル的に同じになったということである．すなわち，これを経済産業局に申請すれば認可されるはずである．一連の実証試験を重ねた後，申請の予定である.

既成概念を取り払うことも必要なのよ．前例がないからやらないのではなく，新しいモデルをつくればいいのよ

第15章 Tビル…とんがり帽子の頭をカット

地下駐車場給排気ファンのドミノ配列で半減運転へ移行で省エネ実現！

　Tビルには，大規模な地下駐車場（**写真1**）があり，隣接してバスターミナルがある．私がこのビルのエネルギー管理士をしていたときの体験である．地下駐車場には，空気環境維持のために，給気ファン・排気ファンが設置されており，給排気ダクト（**写真2**）を通して空気循環を行っている．この多数ある給排気ファンの運転方法に問題があったので，運転タイムを検討して電力ピークカットおよび省エネを実現した事例を紹介する．

写真1　地下駐車場

写真2　駐車場内給排気ダクト

1　現状（机上の分析）

なぜ，1月18日16:00にピークが出ているのだろうか？

　中央監視装置（**写真3**）の電力データのなかから，2011年度の月間電力最大日をグラフ化したところ，**第1図**のように，2012年1月18日16:00にピークが

写真3　中央監視装置

第15章 Tビル…とんがり帽子の頭をカット

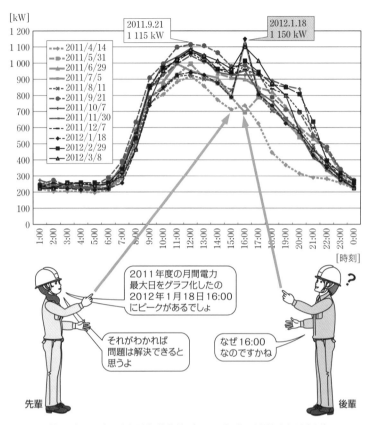

第1図 Tビル電力日負荷曲線（2011年度　月間電力最大日）

1 150 kWで，年間最大値を記録している．図からこのピークは夏季のピークよりも高い，冬季の最大値である．ほかの月も16:00に最大値が出る傾向にある．でもなぜ16:00なのだろうか．何か16:00に大きな負荷がかかっているに違いない．

これで現状の問題点は把握できた．問題解決のためには，この負荷を特定しなければならない．なお，2012年1月18日の電力日負荷曲線は，**第2図**のようになっており，まるで「**とんがり帽子**」のような様相を呈している．

この「とんがり帽子」を何とかしてカット（ピークカット）したい．強い決意で，次の現場調査に臨んだ．

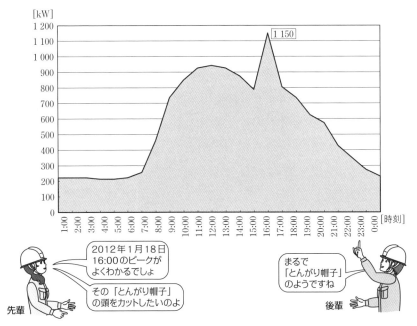

第2図　Tビル電力日負荷曲線（2012年1月18日）

2　調査分析

(1)　防排煙ファンの調査

　このビルの隣にはバスターミナルがあり，そこにある防排煙ファンへも電力を供給している．この防排煙ファンは16:00に，防災盤のブザー鳴動とともに稼働する．その稼働時刻が16:00であることから，これが原因かと考えた．

　この動力盤を探したが，なかなか見つからない．図面上にも明記されていない．探索しているうちに，階段の下の奥まったところの扉を開けたところで，やっと防排煙ファン制御盤（**写真4**）を見つけた．そこで16:00になるのを固唾をのんで見守った．すると，なんとその時刻に，電流計が振り切れるほど過大電流が流れていたのである．早速，盤を開けてみると，容量11 kWが2台あるのにスターデルタ始動になっていなかった．しかし第1図のグラフから，その電力の突出状況はこんなものではない．まだほかにも稼働している機器があるはずだ．

第15章　Tビル…とんがり帽子の頭をカット

　そこでメーカを呼んで調べてもらったところ，メンテナンスPCのデータによれば，2012.1.18 16:00に瞬時的（1秒間）に550 Aを記録している．そのデータから，No.2系統空調機が稼働していることがわかった．

写真4　バスターミナル防排煙ファン制御盤

(2) 変電室の調査

　No.2系統空調機が16:00に稼働することがわかったので，変電室へ行き，この系統を調査することにした．すると，キュービクルのなかの空調動力盤の電流計（**写真5**）が，16:00に大きく振れたのである．原因はこの系統につながっている負荷であることが特定できた．

　一方，中央監視盤で調べてみると，そのスケジュールから，16:00に投入する負荷にはバスターミナルの防排煙ファンのほかに地下駐車場の給気ファン・

写真5　変電室内空調動力盤

― 200 ―

給気ファン

給気ファン制御盤

排気ファン

排気ファン制御盤

写真6　給排気ファンルーム

排気ファンがあることがわかった．

(3) 地下駐車場給気ファン制御盤の調査

　給気ファンと排気ファンは，それぞれ南と北に1セットずつある．給気ファンルーム，排気ファンルーム（**写真6**）へ行くと，その各制御盤の電流計が16:00に大きく振れていたのだ．これが原因だった．給排気ファンは，11 kWのものが合計8台（88 kW）あることがわかった．

3　問題点

　給排気ファンが88 kWとバスターミナル防排煙ファン22 kWが，16:00に一斉に稼働しているためにピークが出ていることになる．このため，大元の変電室内空調動力盤の電流計に過大電流が流れていたのである．変圧器には瞬時ではあるが，毎日ストレスがかかっていることになる．設置以来25年を経過し

− 201 −

ており，耐用年数がこようとしているところへ，この現象が加わることによって，劣化を早めることが想定される．

4　改善計画

では，防排煙ファンと給排気ファンは，一斉に動かさなければならないものかと考えてみた．中央監視盤のプログラムで，これらのスケジュールを調べてみると，すべて16:00スタートとなっていた．これで16:00の電力ピークの原因が解明できたのである．そこで考えたことは，このそれぞれのスタートを**第1表**のように，16:00から1分刻みで，16:00，16:01，16:02，16:03，……のようにしてはどうかということである．早速，中央監視員にプログラムの変更を依頼した．

第1表　スケジュール変更(1)

バスターミナル防排煙ファン

①	防排煙ファン(1)	16:00
②	防排煙ファン(2)	16:01

地下駐車場(給排気ファン)

③	VS－B11	16:03
④	VE－B11	16:04
⑤	VS－B12	16:05
⑥	VE－B12	16:06
⑦	VS－B21	16:07
⑧	VE－B21	16:08
⑨	VS－B22	16:09
⑩	VE－B22	16:10

5　効果検証

プログラム変更後の電力データを収集して，グラフ化してみた．その推移を分析すると，**第3図**のようになった．とんがり帽子が大分とれている．すなわち，ピークカットが実現したのである．2011年度16:00の最大値1 150 kWが，2012年6月25日16:00の時点で859 kWとなっている．その差は291 kWである．これは，最大値1 150 kWの要因が，給排気ファン以外の負荷（たとえば雑排

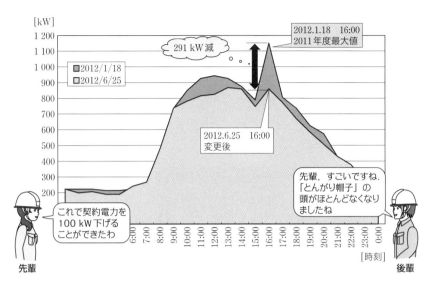

第3図　Tビル電力日負荷曲線（地下駐車場電力プログラム変更の効果）

水ポンプや雨水ポンプなど）が同時起動したものと推定される．すなわち，291 kWの減はすべてが給排気ファンではない．このことを踏まえて契約変更に持ち込めば，電気料金を安くすることが可能となる．

結果1　契約の変更（基本料金の低減）

　当ビルの現在の契約電力は，1 200 kWである．とんがり帽子の頭をカットできたので，契約電力を余裕をみて100 kW低減し，1 100 kWとするために，電力会社と協議した．なお契約約款上，500 kW以上は協議契約である．

　これによる年間基本料金削減額は，1 671 000円である．何も費用をかけずにこれだけ削減できるのである．このビルは建設以来25年経過しているから，その累積額は40 000 000円にも達する．ずいぶん無駄な電気料金を支払ってきたことになる．ちょっとした気づきから思考を重ねて実践すれば，このような効果が得られるのである．

　現場だけをみていても気づかないこともある．データを分析してみて気づく場合もある．データで気づいたら現場で調査する．データと現場は，まさに一体なのである．

第15章 Tビル…とんがり帽子の頭をカット

6 省エネ計画

(1) 半減運転の試み

　以上の計画は基本料金に関するものであるが，次に電力量料金削減に取り組むことにした．中央監視盤の運転スケジュールをさらに調べていくと，14:00〜16:00の間の2時間は，給排気ファンは停止していることがわかった．この間は，自動車の出入りが少ないから停止できるのだろうか．それでも問題は何も起こっていない．

　ならば，給排気ファンを減らして運転してもいいのではないかという考えが浮かんだ．そこで8台の給排気ファンを**第2表**のようにAグループとBグループに分けて，すなわち給排気ファン2セットのところを1セットとして半減運転としてはどうかと考え，実験を行うことにした．そこで中央監視盤の運転スケジュールを第2表のように変更して運転し様子をみることにした．これでうまくいけば，省エネができるはずだ．また，この半減運転は1か月ごとにAグループとBグループを入れ換えることとした．

(2) 問題の発生（CO_2濃度）

　給排気ファンの半減運転に関して気をつけなければならないことは，CO_2濃度である．私は最初気づかなかった．ビル監視員からの指摘でわかったのであるが，ビル管理法の規定にはないが，それに準じて，炭酸ガス含有率の管理基準として，地下駐車場のCO_2濃度は，1 000 ppm以内に抑えることが望ましい．

第2表　スケジュール変更(2)
地下駐車場（給排気ファン）

①	VS−B11	16:03	Aグループ
②	VE−B11	16:04	Aグループ
③	VS−B12	停止	Bグループ
④	VE−B12	停止	Bグループ
⑤	VS−B21	16:07	Aグループ
⑥	VE−B21	16:08	Aグループ
⑦	VS−B22	停止	Bグループ
⑧	VE−B22	停止	Bグループ

このようになにか新しい問題に挑戦すると，必ずといっていいほど，現場からさらなる課題が提示されるものである．新たな情報を収集し対策を練らなければならないのが常である．

　地下駐車場には，北と南にそれぞれ**写真7**のように，CO_2濃度計が設置されており，そのデータは30分ごとにモニタ計測し収集されていることがわかった．早速，そのデータを分析すると，**第4図**（南側駐車場CO_2濃度）のようになった．グラフから，ほぼ1 000 ppmはクリアしているが，一部そうでなく1 000 ppmを超過している時間帯もあることがわかる．

　この図から，1 000 ppmを大きく超えている時間があることに気づいた．これはCO_2濃度計の異常ではなかろうか．不思議に思って，再度CO_2濃度計の調査に行った．よく観察するとCO_2濃度計の設置場所に問題があることがわかったのである．自動車が発進するとき，その排気ガスをまともに受ける場所にCO_2濃度計は設置されていたのである．これでは正確な濃度を計測できるわけはない．この異常値は無視してよいことがわかった．

　半減運転後のCO_2濃度のデータをグラフ化すると，**第5図**（南側駐車場CO_2濃度）のようになっている．半減運転前と大きな変化はないことがわかった．

予測1　電力量料金の低減
半減運転による，省エネ効果予測
　　（従来）
　　　$16.65 \times 88 \text{ kW} \times 8 \text{ h} \times$　66日　$= 773 625$ 円

写真7　CO_2濃度計

第15章　Tビル…とんがり帽子の頭をカット

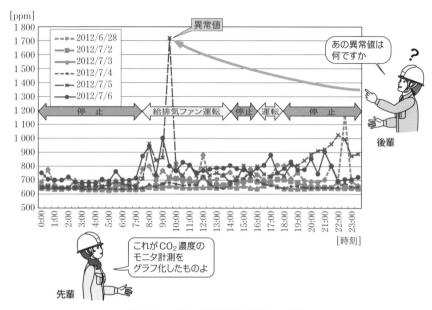

第4図　Tビル地下駐車場南側CO₂濃度

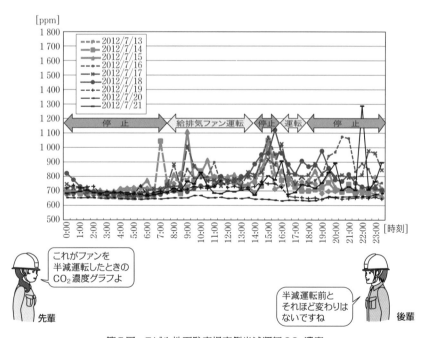

第5図　Tビル地下駐車場南側半減運転CO₂濃度

— 206 —

$15.55 \times 88 \text{ kW} \times 8 \text{ h} \times 198 \text{ 日} = 2\,167\,545 \text{ 円}$

計　$2\,941\,170$ 円　①

（改善後）

$16.65 \times 44 \text{ kW} \times 10 \text{ h} \times 66 \text{ 日} = 483\,516 \text{ 円}$

$15.55 \times 44 \text{ kW} \times 10 \text{ h} \times 198 \text{ 日} = 1\,354\,716 \text{ 円}$

計　$1\,838\,232$ 円　②

②－①＝▲$1\,102\,938$ 円

年間 $1\,103\,000$ 円の削減が予測できる.

7　付随事項

防排煙ファンの運転の問題点と改善

バスターミナルの防排煙ファンを制御する動力盤を調査すると，16:00に ON になっていたが，その瞬時ではあるが電流計が振り切れて過大電流が流れていた．そこで，動力盤のなかをのぞいてみると，容量が 11 kW あるのに MCCB と MC が 1 個ずつあるだけで，スターデルタ始動になっていない．

内線規程によると，5.5 kW 以上の電動機には，スターデルタ始動とすることが定められている．このまま何度も始動・停止を繰り返していては，MC の接点は摩耗して，焼き付いて短絡事故を起こすかもしれない．配線も短時間ではあるが，許容電流を超えると問題が出ると思われる．早速，主任技術者に盤改修を進言して，改善を図った．

コスト削減を目指していたのであるが，付随的に思わぬ欠陥を発見したのである．

8　総　括

(1)　バスターミナル防排煙ファン・地下駐車場給排気ファンシステム図【図解1】

地下駐車場の給排気ファンは，北と南に 1 セットずつ配置されている．駐車場の四隅には給気ファンルーム 2 か所と排気ファンルーム 2 か所があり，室内に給気ファン，排気ファンが設置されている．給気ファンで送られるエアは，

第15章 Tビル…とんがり帽子の頭をカット

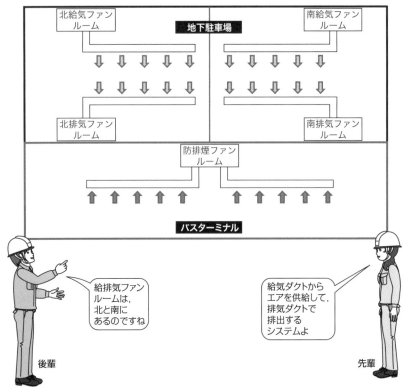

図解1 Tビル バスターミナル防排煙ファン・地下駐車場給排気ファンシステム図

給気ダクトを通して供給され,排気ダクトから吸い込まれたエアは,排気ファンを通り外気に放出されるシステムとなっている.

(2) バスターミナル防排煙ファン・地下駐車場給排気ファンのドミノ配列【図解2】

当初,ファンは16:00に10台一斉に稼働していた.すなわち,積み木を重ねたように一極集中している.これが電力ピークである.そこでこれを,1台ずつドミノ配列のように,16:00から1分刻みで横軸に並べ替える(ファンのONタイミングをシフトする).これにより,10台の一斉稼働の突入電流を避けることができる.1台ずつの順次起動によって,速やかに減衰して大きなピークが出ることはない.

— 208 —

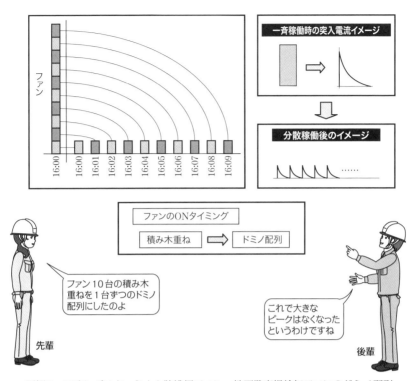

図解2 Tビル バスターミナル防排煙ファン・地下駐車場給気ファンのドミノ配列

(3) 地下駐車場電力合理化の思考図【図解3】

　この場合の電力合理化のきっかけは，PCの電力データである．そのデータをグラフ化することにより，問題点を発見する．ここでの問題点は「とんがり帽子」である．そこで私の「ものさし」の一つを使った．「とんがり帽子」発生の日時を突き止め，それはなぜ発生するのかについて試行錯誤で現場調査を行う．その原因がわかったら，次に対策を考える．その結果，ピークカットと同時に省エネを実現することができた．

　ピークカットは，ファンの順次起動により，省エネについては，8台のファンの半減運転により実現した．その過程で予期せぬ障害が発生した．駐車場に設置してあるCO_2濃度計が異常値を示したのである．しかしこれは，CO_2濃度計の取付位置が適切でなかったことがわかり，この問題は解決したのである．

第15章 Tビル…とんがり帽子の頭をカット

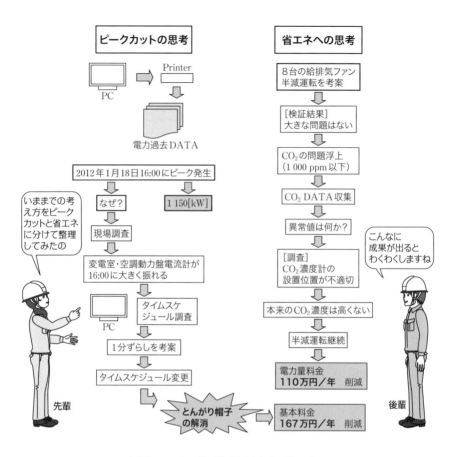

図解3 Tビル 地下駐車場電力合理化思考図

9 考 察

　ここでの電力合理化は，ずっと前例踏襲していた考えをくつがえしたものである．そんな状況に風穴をあけたのである．変化の現代においては，現状に甘んじてはいけない．積極的に技を仕掛けていき，その答えが出てきた事例である．

自分なりの「ものさし」をいくつかもつことよ.
オリジナルな「思考パターン」といってもいいかな.
それが武器となる時代なのよ.

索　引

──── 数　字 ────

1ϕ 因子　51
1ϕ の因数分解　51
24 h スパンの因数分解　65
2 段階論法　81
3ϕ 因子　51
3ϕ の因数分解　51
$3\phi + 1\phi$ の因数分解　51
30 分デマンド　44, 105, 171

──── 欧　文 ────

A

AS　8, 17, 25

C

CE　92
CO_2 濃度　204
CO_2 濃度計　205, 209
CO_2 発生量　176
CS　3, 46, 92, 131

G

G・E コラボレーション　193, 195

M

MC　207
MCCB　207

MECE　91

N

NOx 基準　128

P

PAS　73, 81

S

So What　3

T

TM　17, 25

V

VCB　59

W

Why　3

──── 和　文 ────

あ

赤色回転灯　114, 138, 163
圧縮計算　80
アリーナ照明　68
アリーナ送風機　31, 33, 41
アリーナファン　68

い

異常値　31, 205
イベント音響　6
イベント照明　6
イベント噴水因子　12
因子のカット　52
因子のくくり直し　146
因子の縮小　52
因子の融合　52
因数分解　19, 51, 69
インタロック　47, 55, 56
インタロック回路　116

う

運転可能ランプ　139

え

エンジンオイルタンク　185
エンジンオイル用自動給油装置　127

お

オイルエレメント　127
オイルタンク　127, 133
大波　138

か

回転計　128
回転灯　114

外灯因子　17, 19
外灯（K 公園）　4, 6, 8
外灯（O 公園）　16, 22
外灯制御盤　4
外灯点滅の 2 段階制御　23, 26
開放公園型　66, 175
上池噴水　45, 46, 54, 56
上池噴水ポンプ　45
からくり電力　44, 111
環境影響評価　176

黄色回転灯　163
季節営業型　66, 175
季節別時間帯別電力 2 型　65, 180
基本料金のウェイト　100
逆洗　158, 159
給気ダクト　208
給気ファン　201, 207
給気ファンルーム　207
休日高負荷電力 2 型　180
休日率　64
休日料金　70
給排気ファン　202, 204
協議契約　132, 170, 203
業務用季節別時間帯別電力　119, 120, 133, 174
業務用季節別時間帯別電力 2 型　17, 26, 60, 69
業務用休日高負荷電力 2 型　23, 69
業務用電力　69
起流ポンプ　103, 126, 128

空調電源切換盤　144

空調動力盤　200
グリース切れ　59

警報盤　152, 163
警報ブザー　110
警報ランプ　110
契約種別の変更　28
契約電力の変更　107
契約メニュー変更　107, 174
ケーブル入換え　81
減設　79, 84, 85
現場機器調査表　143

高圧コンデンサ　9
高圧配管再利用　81
高圧引込み　72, 73
顧客期待値　92
顧客満足度　3, 46, 92, 131
コストマネジメント　108
固定警報値　152
固定子温度計　128, 133
固定負荷設定値　106 , 166
こままわし理論　146

魚飼育用冷水機器　66
魚電力　60, 65
魚の骨　93
さざ波　138
さざ波 A　154
さざ波 B　154
産業廃棄物　81
暫定契約　133
暫定契約値　169, 173

自家用電気工作物の低圧化　75
自家用電気工作物廃止届　73
時間のからくり　112
軸受温度計　128, 133
実負荷運転　15, 33, 42, 126, 191, 192
実量制　72, 85
実量制契約　141, 170, 173
自動点滅器（K 公園）　8
自動点滅器（O 公園）　17, 25
自動点滅器（S 公園）　46, 48
自動レベル計　127
時分割　46, 138
下池噴水　45, 46, 54
下池噴水ポンプ　45
遮断器　59
周波数低下　37
従量電灯 C　76, 80, 84
主開閉器契約　80
受水槽ポンプ　142
主任技術者の選任　73
需要率　77, 84
循環ポンプ　45, 47, 51, 54
昇圧トランス　129, 135
商用領域　14
少量危険物届　185
処分費　81
振動計　128
深夜因子　26
深夜消灯　22, 23, 28

— 213 —

索引

す

水質管理　158
スケート用冷凍機ケーブル
　146
スコットトランス　15
スターデルタ始動　199,
　207
ステッピングリレー　158
ステッピングリレー切換用
　タイマ　157
砂ろ過　162
スポット営業型　175

せ

積分思考　144
セグメンテーション　94

そ

騒音計　128
総合単価　176, 177
増設　80
早朝因子　26
造波運転ボタン　139
造波プールの運転タイムシ
　フト　122, 138, 160

た

大気規制（ばい煙関係）
　128
橙色回転灯　114
大噴水　3, 4, 6, 12
タイマ（A プール）　113
タイマ（O 公園）　17, 19,
　21, 25
タイマの 2 段階制御　26
炭酸ガス含有率　204

ち

中央監視装置　197
中央監視盤　202, 204
厨房電源切換盤　144
調整用負荷　144

つ

通常噴水因子　12
ツールボックス　86
使い回し変圧器　81

て

低圧移行現地調査チェック
　リスト　79
低圧移行調査マニュアル
　78
低圧化シミュレーション
　76, 81
低圧コンデンサ　11
低圧電力　77, 80, 84
低圧引込み　73
低圧引込盤　73
デマンドカットリレー盤
　140
デマンド監視状況速報
　166
デマンド監視装置（A プー
　ル）　110, 113
デマンド監視装置（B プー
　ル）　123
デマンド監視装置（C プー
　ル）　138
デマンド監視装置（D プー
　ル）　152, 163
デマンド監視装置（プール
　の調査分析）　105
デマンド警報回転灯　135

デマンド警報盤　114
デマンド固定負荷値　140
デマンド第 1 警報回転灯
　152
デマンド第 2 警報回転灯
　152
デマンド＆タイム管理シス
　テム　113
デマンド調整警報値　140
デマンド目標値　140
デマンド予測値　169
手元操作盤（回転灯付き）
　139
電圧確立信号　56
電気信号制御理論　149
電気料金計算書　98
電灯因子のカット　48
電灯因子の縮小　48
電流最大値記録　80
電力格差　176, 178
電力原単位　176
電力合理化 MECE 分析
　91
電力合理化 PDCA サイク
　ル　92
電力合理化スパイラル成長
　理論　89
電力山脈　40, 41
電力需給用複合計器　105,
　111, 113
電力日負荷曲線　183, 189
電力の因数分解　51, 88
電力の価値　178
電力の理想的使用形態
　124
電力ピーク時運転マニュア
　ル（A プール）　117
電力ピーク時運転マニュア

－ 214 －

ル（Bプール）131
電力ピーク時運転マニュアル（Cプール）140
電力ピーク時運転マニュアル（Dプール）160
電力ピーク時運転マニュアル（プールの効果検証）165
電力モニタ 188

と

動物電力 65
動力因子の融合 47
動力インタロック 54
特異点 40
特性要因図 93
突入電流 208
ドミノ配列 208
トランスモニタ 11, 17, 21, 45, 48, 52, 100
とんがり帽子 198, 202, 203, 209

に

日負荷状況調査 100
日照時間 23, 26

ね

年間営業型 66, 175
年間最大デマンド値 76
年間ピーク負荷 133
年間ベース負荷 133
燃料移送ピストン 37
燃料入口管のバルブ 37
燃料エレメント 127
燃料タンク 37, 42, 43

は

排気ダクト 208
排気ファン 201, 207
排気ファンルーム 207
排水ポンプ 45
売店電力 179
発電機切換盤 144
発電機操作手順書 190
発電機電源・商用電源切換マニュアル 191
発電機領域 14
半減運転 204, 205

ひ

ピーク因子 12
ピークカット効果因子 108
ピーク時間 69, 120, 175
ピーク時適正運転容量 104
ピーク需要因子 107
非自家用電気工作物 73
非常用発電機 184, 187, 191, 192
微分思考 143
秒単位タイマ 115, 139
昼間時間 64, 69, 120, 175

ふ

ファンの順次起動 209
ファンの半減運転 209
プール電力の因数分解 133
プール電力の分解 126
プールろ過器 68, 100, 127
深井戸ポンプ（Aプール）115, 116

深井戸ポンプ（S公園）45, 47, 51, 52, 54, 56
深井戸ポンプ（Yテニスコート）72
負荷のくくり直し 89
負荷の並べ替え 89
負荷の分解・展開サイクル 88
負荷率 69, 70
負担金 73, 79, 81, 84, 85
復帰リレー 157
プログラムタイマ 46
噴水の時間差攻撃 54

へ

平均需要因子 107
並列受電 15
変圧器入換工事 81
変圧器入換え理論 85

ほ

防災用電源切換盤 4
防災用発電機（Aアリーナ）32, 39, 40, 41
防災用発電機（Bプール）125
防災用発電機（Cプール）141, 142
防災用発電機（K公園）4, 5, 6, 8
防災用発電機（S公園）52, 53, 55
放水訓練 52, 55
放水訓練時・深井戸ポンプ運転マニュアル 53
防排煙ファン 199, 200, 202, 207
防排煙ファン制御盤 199

－ 215 －

索引

ポジショニングマップ分析
　94, 179
星空のコンサート　3, 5
ポンプ休止用タイマ　157

ま

マインドマップ　95
マニュアル操作　192

み

身代わり発電　15
ミッシー　92

む

無駄因子　108
無負荷運転　42, 126, 191
無負荷損　85

も

目標デマンド値　106, 152,
　166, 169
問題因子　88

や

夜間効果　28
夜間時間　60, 64, 69, 120,
　175
夜間率　17, 62, 64

ゆ

油脂類貯蔵・取扱届出書
　190

よ

予測警報　152
予測デマンド値　105, 106
予防事務審査・検査基準
　187
夜因子　26

り

リース発電機　8, 12
力率改善用コンデンサ
　129, 135

れ

冷水循環ポンプ　60, 62
冷凍機　60, 62
レストラン厨房因子　146

ろ

ローテーション休止　155,
　156, 162
ろ過器（A プール）　116
ろ過器（D プール）　153,
　154, 158, 162
ろ過器（S 水族館）　60
ろ過器制御盤　156
ろ過ターン数　153, 154,
　158
ろ過抵抗　158
ろ過ポンプ　156, 158, 162
ロジカルシンキング　86
ロジックツリー　91

著者■**武智　昭博**（たけち　あきひろ）

略歴■1949年　愛媛県生まれ
「坂の上の雲」に登場する正岡子規が学んだ藩校・明教館，現愛媛県立松山東高等学校卒業．
1973年　山梨大学工学部電気工学科卒業．埼玉県庁に奉職．
自家用電気設備の設計・監理，メンテナンス，省エネ・省コスト等を手がける．
埼玉県荒川右岸下水道事務所電気保安担当部長．特別高圧自家用電気工作物の主任技術
者として従事．
その後，東光電気工事株式会社環境企画室部長．省エネルギー・新エネルギー提案等を
展開．併せて，社員の電験教育にも取り組む．
現在，電気技術コンサルタントとして活動．エネルギー管理や執筆に取り組む．

資格■第2種電気主任技術者・エネルギー管理士・1級電気工事施工管理技士・第1種電気工事
士等合格

著書■自家用電気設備の疑問解決塾（オーム社）
イラストでわかる電気管理技術者100の知恵（電気書院）

© Akihiro Takechi 2016

電力コスト削減 現場の知恵

2016年　4月　5日　　第1版第1刷発行

著　者　　武　智　昭　博

発行者　　田　中　久米四郎

発　行　所
株式会社　電　気　書　院
ホームページ　www.denkishoin.co.jp
（振替口座　00190-5-18837）
〒101-0051　東京都千代田区神田神保町1-3 ミヤタビル2F
電話(03)5259-9160／FAX(03)5259-9162

印刷　中央精版印刷株式会社
Printed in Japan／ISBN978-4-485-66547-3

- 落丁・乱丁の際は，送料弊社負担にてお取り替えいたします．
- 正誤のお問合せにつきましては，書名・版刷を明記の上，編集部宛に郵送・
  FAX（03-5259-9162）いただくか，当社ホームページの「お問い合わせ」をご利
  用ください．電話での質問はお受けできません．また，正誤以外の詳細な解説・
  受験指導は行っておりません．

JCOPY 〈(社)出版者著作権管理機構 委託出版物〉

本書の無断複写（電子化含む）は著作権法上での例外を除き禁じられていま
す．複写される場合は，そのつど事前に，(社)出版者著作権管理機構（電話：03-
3513-6969，FAX：03-3513-6979，e-mail：info@jcopy.or.jp）の許諾を得てください．
また本書を代行業者等の第三者に依頼してスキャンやデジタル化すること
は，たとえ個人や家庭内での利用であっても一切認められません．